复杂油藏自动历史拟合方法

马小鹏　著

中国石化出版社
·北京·

内 容 提 要

本书围绕具有非均质地质特征的常规油藏以及裂缝性油藏等复杂油藏，探讨自动历史拟合方法，从贝叶斯概率推理反演、油藏高维地质表征参数降维、油藏数值模拟代理模型等多方面系统阐述，重点介绍如何将机器学习理论与方法、地质统计建模、油藏数值模拟等多学科知识交叉融合，形成高效高精度的自动历史拟合方法，并给出了应用实例。

本书既可以作为油藏工程的专业技术人员、管理人员及现场操作人员的参考资料，也可作为高等院校石油工程及相关专业学生的学习用书。

图书在版编目(CIP)数据

复杂油藏自动历史拟合方法 / 马小鹏著. — 北京 ：中国石化出版社，2025. 6. — ISBN 978-7-5114-7954-9

Ⅰ. TE319

中国国家版本馆 CIP 数据核字第 2025JQ4436 号

中国石化出版社出版发行

地址：北京市东城区安定门外大街 58 号
邮编：100011 电话：(010)57512500
发行部电话：(010)57512575
http://www.sinopec-press.com
E-mail：press@sinopec.com
北京捷迅佳彩印刷有限公司印刷
全国各地新华书店经销

*

710 毫米×1000 毫米 16 开本 10.75 印张 197 千字
2025 年 6 月第 1 版　2025 年 6 月第 1 次印刷
定价：58.00 元

前言

油藏数值模型是油藏实现精细化开发管理的基础，剩余油分布预测、注采方案以及井网井位优化调整等都需要准确可靠的油藏数值模型。然而，油藏深埋地下难以直接观测，数值建模过程中不确定性因素众多且复杂，导致数值模型与真实油藏存在差异。传统油藏开发采用人工拟合方法，即工程师对数值模型进行人工调整，以减小数值模拟与生产观测的拟合误差，也称为“试错法”，通常需要数月时间才能完成一次模型调整，具有很强的主观性，且费时费力。油藏数值模型的不确定性主要源于非均质的地质属性，人工拟合仅能修正数值模型的少量关键参数，无法有效考虑油藏非均质性，难以做到精准、高效。自动历史拟合技术借助于计算机、数值模拟以及优化控制理论，能够对油藏数值模型中的各类不确定性参数进行自动化校正。在油田数字化和智能化的背景下，自动历史拟合技术在油藏开发管理中受到越来越多的重视并被广泛研究。

本书围绕复杂油藏自动历史拟合技术，从自动历史拟合技术的发展现状、大规模油藏高维地质属性参数场降维重构、自动历史拟合的主要数值求解方法，以及油藏数值模拟代理模型等方面，系统阐述自动历史拟合全流程技术，并给出了部分应用实例。

本书分为八章，由马小鹏进行全部内容的编撰，第一章简要介绍了自动历史拟合技术的概念及其发展现状；第二章介绍了大规模油藏高维地质参数场的降维重构方法；第三章、第四章针对反演多解性问题，介绍了多模态进化优化方法和代理辅助多模态差分进化方法；第五章介绍了一种数据驱动的进化优化方法求解自动历史拟合问题；第六章、第七章介绍了如何使用深度学习方法建立油藏数值模拟的高精度代理模型，从而提升自动历史拟合求解效率；第八章介绍了裂缝性油藏的自动历史拟合方法。

在本书编写中，西安石油大学给予了大力支持与帮助，在此致以诚挚的感谢！此外，本书引用了多位学者专家的成果，有些未能列入参考文献，在此一并表示感谢！

由于作者专业水平有限，书中难免有不妥之处，恳请读者批评指正。

目　录

第一章　油藏自动历史拟合技术概述 …… 1

第一节　油藏生产动态历史拟合 …… 1

第二节　自动历史拟合技术的发展 …… 4

第三节　自动历史拟合与智能油田 …… 10

参考文献 …… 12

第二章　高维地质参数场降维重构方法 …… 16

第一节　自动历史拟合与降维重构 …… 16

第二节　基于主成分分析的连续参数场降维方法 …… 17

第三节　基于卷积变分自编码模型的参数场降维方法 …… 19

参考文献 …… 24

第三章　多模态进化优化反演求解方法 …… 25

第一节　进化优化方法在自动历史拟合中的应用 …… 25

第二节　多模态差分进化算法 …… 27

第三节　多模态分布式估计算法 …… 29

第四节　数值实验 …… 32

参考文献 …… 38

第四章　代理辅助多模态差分进化在线拟合求解方法 …… 40

第一节　多模态进化优化方法的收敛特性 …… 40

第二节　代理模型 …… 41

第三节　局部代理辅助的多模态差分进化算法 …… 43

第四节　数值实验 …… 49

参考文献 …… 59

第五章　数据驱动的进化优化在线拟合求解方法 …… 60

第一节　数据驱动的进化优化方法 …… 60

第二节　集成学习代理建模方法 …… 62

第三节　基于分布式多代理系统的差分进化算法 …… 63

第四节　基准测试和算法性能分析 …… 67
第五节　自动历史拟合数值实验 …… 71
参考文献 …… 81
第六章　基于递归神经网络代理模型的离线拟合求解方法 …… 83
第一节　递归神经网络模型 …… 83
第二节　多层门递归单元代理模型 …… 85
第三节　基于代理模型的自动历史拟合优化求解方法 …… 90
参考文献 …… 104
第七章　基于卷积递归混合网络模型的离线拟合求解方法 …… 105
第一节　卷积神经网络在代理建模中的应用 …… 105
第二节　卷积递归混合网络代理模型 …… 106
第三节　自动历史拟合数值实验 …… 111
参考文献 …… 122
第八章　裂缝性油藏自动历史拟合方法 …… 124
第一节　裂缝性油藏自动历史拟合概述 …… 124
第二节　裂缝性油藏数值模拟方法 …… 127
第三节　二维多尺度离散裂缝网络随机建模方法 …… 128
第四节　嵌入式离散裂缝数值模拟方法 …… 134
第五节　基于深度图学习的裂缝网络代理建模方法 …… 138
第六节　基于代理模型的裂缝分布反演方法 …… 155
参考文献 …… 162

第一章　油藏自动历史拟合技术概述

油藏数值模拟作为现代油气藏经营管理的核心技术，通过构建地下储层三维动态模型为开发方案优化与生产决策提供科学依据。由于油藏数值建模对象深埋地下且具有强非均质性，油藏数值模拟模型构建需整合地震解释、岩心分析、测井解释等多源异构数据，并基于地质统计学方法进行随机建模，导致模型中存在大量表征储层物性、流体分布及渗流特征的不确定性参数。随机地质模型难以直接满足生产动态预测与油藏精准表征需求，需通过历史拟合技术[1,2]对储层参数进行反演优化。作为数值建模的关键环节，历史拟合通过融合油水井生产动态数据与油藏数值模拟结果，能够有效降低模型不确定性，为油藏精细描述与开发方案动态优化提供可靠的技术支撑。

第一节　油藏生产动态历史拟合

一、油藏储层数值建模与历史拟合

油藏数值模型在油气田开发中扮演着越来越重要的角色，是油藏生产开发决策的强有力支持。油藏数值模型的描述对象是深埋地下难以直接观测的油藏储层，因此储层数值建模往往是通过地球物理、石油工程等方法获得的地震、岩心、测井数据根据地质统计建模方法进行随机建模。油藏储层数值模型包括地质属性参数如孔隙度、渗透率等，也包括许多流体特性如密度、黏度等，典型的油藏数值模型有黑油模型、组分模型、热模型等。通常，油藏数值模型中较为准确的物性参数有岩石压缩系数、参考压力、初始流体界面、流体性质、毛厚度、有效厚度等；不确定性参数通常包括储层地质属性参数、相渗曲线、传导率、水体特性、可动用油体积等。在实际应用中，不同油藏的数值模型中不确定性参数也是不同的，需要根据敏感性分析进行确定。渗透率作为地质属性参数是不确定性最为突出的，几乎在所有油藏中储层渗透率的不确定性都不可忽视，渗透率显著影响储层流体流动规律。具有不确定性的油藏数值模型难以直接用于生产优化决策、剩余油分析等，需要根据历史拟合技术整合地面油水井观测数据对油藏数值模型中的不确定性参数进行反演调整以降低模型不确定性。

历史拟合技术是油藏数值建模的关键部分之一，分为人工试错方法和自动历史拟合方法。人工试错方法是油藏工程师根据地质、油藏等专业领域知识对储层数值模型进行经验性调整。然而，由于观测数据相对于储层地质不确定性提供的信息是有限的，历史拟合往往具有多解性，即不同的参数组合都能够得到相同的生产观测数据拟合效果。多解性以及人工调整的随机性使得人工试错方法耗时费力，往往需要以月乃至年为单位的时间且建模粗糙。自动历史拟合技术源于20世纪60年代初期，80年代中期之后，随着地质统计建模和数值模拟技术的成熟，开始受到石油工程领域的广泛关注。自动历史拟合技术是基于反演建模理论以及数值模拟技术，借助于计算机实现储层数值模型不确定性参数的自动更新，也称为反演建模，涉及油藏动静态数据的整合。静态数据如岩心分析、测井以及地震解释等用于构建初始油藏数值模型，自动历史拟合基于油藏数值模拟正向计算，利用井底流压、产油量等生产动态数据，能够对初始数值模型中的各类不确定性参数进行反演调整。

早期，自动历史拟合通过构建最小二乘拟合目标，最小化数值模型的模拟数据与生产观测数据之间的差异。经过60余年的发展，随着地质统计学随机建模、油藏数值模拟以及数值求解算法等理论方法的成熟，近20年自动历史拟合技术的研究和应用进入了快速发展阶段，并形成了高维地质参数场降维重构、油藏数值模拟评估、拟合误差计算以及数值算法迭代更新的自动历史拟合基本求解流程，如图1-1所示。通常以贝叶斯概率理论进行自动历史拟合数学建模，随机地质模型作为先验信息，模拟数据与观测数据之间的误差构建似然函数，整合地质先验信息和似然函数建立不确定性参数的贝叶斯后验概率表示。由于涉及复杂的油藏数值模拟正向计算过程，贝叶斯后验概率无法解析求解，只能进行数值求解，常用的数值方法有基于集合的数据同化方法、MCMC采样以及优化方法等。自动历史拟合的观测数据一般是油水井的生产历史拟合数据，如产油量、产水量、井底压力等。另外，四维地震数据(即在多个时间对油藏进行三维地震获得油藏储层内部物性参数的变化)也可用于自动历史拟合。

二、贝叶斯概率推理与自动历史拟合数学模型

将油藏看作一个物理系统，对其进行观测获得生产观测数据的过程可以表述为以下公式：

$$d_{obs}=g(m)+\varepsilon \tag{1-1}$$

式中，d_{obs}为观测数据；$g(\cdot)$为油藏数值模拟器；m为油藏模型参数；ε表示观测误差。

自动历史拟合根据获得观测数据d_{obs}对油藏系统的不确定性参数m进行估

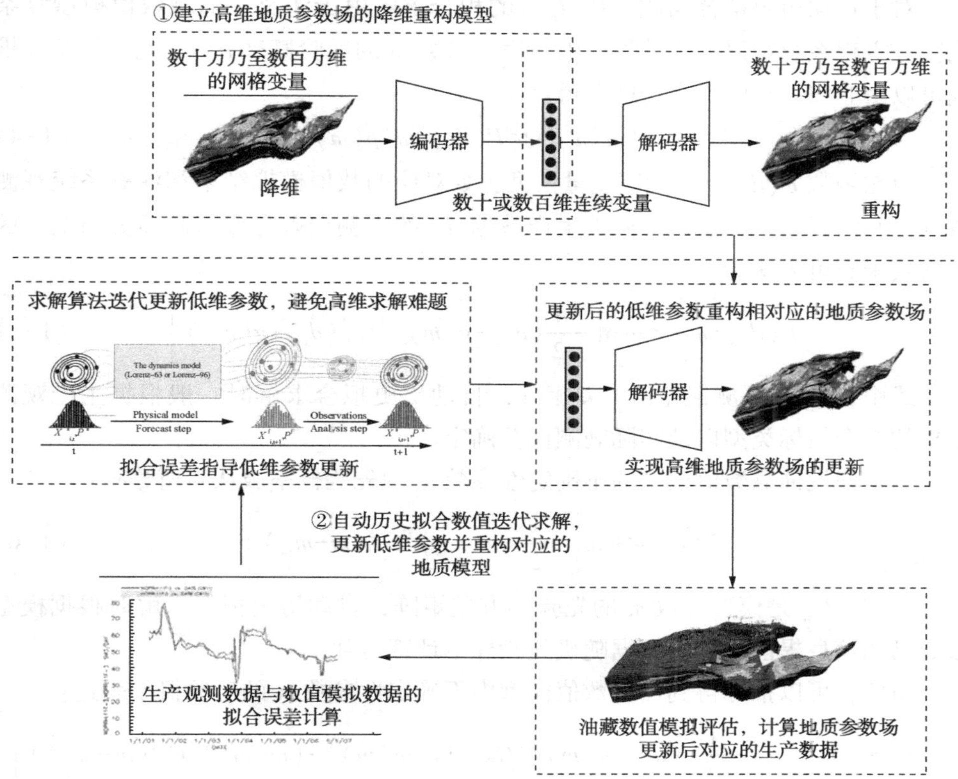

图 1-1　自动历史拟合求解的基本流程

计，是典型的反问题。基于贝叶斯概率推理理论，油藏数值模型中的不确定性参数 m 的后验概率分布可以表达为：

$$P(m|d_{obs})=\frac{P(d_{obs}|m)P(m)}{P(d_{obs})} \tag{1-2}$$

式中，$P(m|d_{obs})$表示模型参数 m 的后验分布；$P(d_{obs}|m)$表示似然函数；$P(m)$表示模型参数 m 的先验分布；$P(d_{obs})$是 d_{obs} 的边缘概率，也称作标准化常量。

贝叶斯后验概率整合了关于油藏数值模型参数的先验信息和对油藏系统的观测信息，构建了关于模型不确定性参数的概率分布。贝叶斯公式中的标准化常量 $P(d_{obs})$起归一化的作用，表达式如下所示：

$$P(d_{obs})=\int_M P(d_{obs}|m)P(m)\mathrm{d}m=\int_M P(m,\ d_{obs})\mathrm{d}m \tag{1-3}$$

式中，M 表示 m 的参数空间。

对于自动历史拟合问题，$P(d_{obs})$的积分求解由于涉及了油藏数值模型复杂偏微分方程系统难以解析计算，因此模型参数 m 的后验概率 $P(m|d_{obs})$的统计推理可以由非归一化的概率密度获得：

$$p(m|d_{obs}) \propto P(d_{obs}|m)p(m) \tag{1-4}$$

似然函数 $P(d_{obs}|m)$能够度量模型参数对应的数值模拟结果和油藏系统观测数据之间的误差。一般地，假设生产数据 d_{obs}的观测误差是服从高斯分布的，因此似然函数可表达为：

$$P(d_{obs}|m) \propto \exp\left[-\frac{1}{2}(d_{obs}-g(m))^T C_D^{-1}(d_{obs}-g(m))\right] \tag{1-5}$$

式中，C_D 是观测误差协方差矩阵，自动历史拟合求解时一般根据生产观测数据的拟合指标类型以及实际观测误差确定。

通常假设油藏数值模型的不确定性参数 m 的先验概率服从高斯分布：

$$P(m) \propto \exp\left[-\frac{1}{2}(m-m_{pr})^T C_M^{-1}(m-m_{pr})\right] \tag{1-6}$$

式中，C_M 是模型参数 m 的先验协方差矩阵，自动历史拟合求解时根据模型参数已知信息提前设定或根据随机先验样本计算得到。

由此，可以推导得到油藏数值模型中不确定性参数 m 的后验概率表达：

$$P(m|d_{obs}) \propto \exp\left[-\frac{1}{2}((d_{obs}-g(m))^T C_D^{-1}(d_{obs}-g(m))+(m-m_{pr})^T C_M^{-1}(m-m_{pr}))\right] \tag{1-7}$$

式(1-7)通常难以获得解析解，需要采用数值采样或优化方法进行求解。根据最大后验概率推理，式(1-7)可以转化为最小化的优化问题进行求解：

$$\min f(m)=\frac{1}{2}(d_{obs}-g(m))^T C_D^{-1}(d_{obs}-g(m))+\frac{1}{2}(m-m_{pr})^T C_M^{-1}(m-m_{pr}) \tag{1-8}$$

从优化的角度，式(1-8)中第一项目的是最小化数值模拟数据和观测数据之间的误差；第二项为正则项，主要用于约束模型参数符合先验分布，使得拟合求解后的模型参数与地质先验保持一致性。

第二节　自动历史拟合技术的发展

本节对自动历史拟合技术的发展做简要介绍，包括自动历史拟合技术涉及的数值求解方法、油藏高维参数降维重构以及油藏数值模拟代理模型等方面。

一、自动历史拟合求解方法

自动历史拟合方法的提出可追溯到20世纪60年代Matheron[3]关于地质统计学的研究。随着地质统计建模技术和计算机的发展，自动历史拟合方法在80年代中期之后受到石油工程领域的关注。发展至今，自动历史拟合求解方法大致可以分为四类，即最优化方法、马尔科夫链蒙特卡洛方法(Markov Chain Monte Carlo，MCMC)、数据同化方法等三种基础方法以及混合改进方法。

优化方法在自动历史拟合领域中研究较早，1975年Wasserman和Chavent等[4,5]提出最优控制理论与自动历史拟合问题相结合。自动历史拟合求解中常用的优化方法可分为梯度类和无梯度类。梯度类优化算法根据拟合目标函数的一阶导数(或Jacobi矩阵)或二阶导数(或Hessian矩阵)进行拟合参数更新，通常使用伴随方法获取梯度信息。1991年Tan和Kalogerakis[6]研制了三维三相全隐式油藏数值模拟器计算伴随梯度并使用高斯牛顿(Gauss-Newton，GN)方法进行自动历史拟合。2005年，Sarma和Durlofsky等[7]对伴随梯度计算过程进行简化，在正向数值模拟过程中计算和存储伴随梯度求解所需要的信息，伴随过程只需要适当地组装这些信息即可计算梯度，提高了计算效率。由于梯度类算法需要侵入油藏数值模拟器进行伴随编码获取梯度，计算复杂且难以推广应用，许多学者转向研究无梯度类优化算法进行自动历史拟合求解，主要包括近似梯度算法和启发式搜索算法等。2007年，Gao和Reynolds等[8]首次应用随机扰动近似梯度算法(SPSA)进行自动历史拟合求解。2011年，Li和Reynolds[9]将油藏模型参数协方差矩阵引入随机扰动梯度求解提出了SGSD算法用于自动历史拟合求解，以解决SPSA算法未能考虑油藏模型参数相关性的缺陷。启发式搜索算法是利用搜索空间中解的位置信息和目标函数信息使用特定规则构建搜索路径的一类算法。相比于梯度类或近似梯度优化方法对初值敏感且容易陷入局部最优，启发式算法具有全局搜索能力。Deutsch和Journel[10]应用模拟退火算法进行自动历史拟合研究，它是一种基于蒙特卡洛迭代策略的随机寻优算法。Guerreiro和Barbosa[11]使用遗传算法进行历史拟合估计流线数值模拟模型中的不确定性参数。Romero和Carter[12]在一个结构较为复杂的三维油藏模型上对比了遗传算法、模拟退火算法以及人工试错方法进行历史拟合的效果，研究结果表明遗传算法拟合效果更好，搜索过程具有鲁棒性且容易并行。

MCMC方法进行自动历史拟合求解是对不确定性参数的贝叶斯后验概率进行随机采样，常用的MCMC方法包括Glibbs算法、Metropolis-Hastings算法等。1997年，Oliver等[13]研究使用Metropolis-Hastings算法求解自动历史拟合问题获取多个后验认识。2003年，Liu和Oliver[14]的研究表明使用典型的MCMC方法进行具有 40 个不确定性参数的历史拟合求解，达到收敛需要超过 10^6 次迭代采样。2006 年，Efendiev 等[15]提出使用粗尺度油藏模型对提案采样进行预估，从而提高对精细尺度模型 MCMC 采样的接受率。2010 年，Liu 和 McVay[16]将 MCMC 采样方法应用于油藏动态实时建模，构建了连续的蒙特卡洛采样过程用于油藏开发全生命周期。理论上，采样足够多的情形下 MCMC 方法可以准确逼近任意后验概率分布，然而由于每次采样需要运行一次油藏数值模拟进行概率评估，计算耗时限制了 MCMC 采样方法在自动历史拟合求解中的应用。

数据同化方法最初源于数值天气预报，并被广泛应用于大气海洋、地球科学等多个领域。目前，自动历史拟合领域典型的数据同化方法有集合卡尔曼滤波算法(Ensemble Kalman Filter，EnKF)和集合平滑算法(Ensemble Smoother，ES)两类，其中 EnKF 是顺序地吸收观测数据进行集合更新，而 ES 是同时利用所有观测数据进行集合更新。2001 年，Lorentzen 和 Naevdal 等[17]首先将 EnKF 方法引入石油工程领域，他们使用 EnKF 方法进行油井流体流动两相流模型参数调整。2002 年，Naevdal 等[18]首次使用 EnKF 方法进行自动历史拟合求解估计储层渗透率，并且指出随着吸收的观测数据增加，估计的渗透率场质量也有所提高。2005 年，Gu 和 Oliver[19]将 EnKF 方法应用于三维油藏模型的自动历史拟合研究，表现出良好的拟合求解效率。Skjervheim 等[20]将 EnKF 方法应用于四维地震数据自动历史拟合问题并在北海油田进行应用，首次证明 EnKF 方法可以在大规模油田应用。相比于 EnKF 顺序的数据同化过程需要重启动计算油藏模拟，ES 的计算效率更高，然而 ES 应用历史拟合求解时往往难以收敛。Reynolds 等[21]研究发现 EnKF 的参数更新近似等价于高斯牛顿迭代，而 ES 相当于单次的高斯牛顿所以收敛较差，并且基于该发现提出了多次迭代的集合光滑方法(ES-MDA)进行自动历史拟合求解，即对观测数据进行多次 ES 更新并且每次更新对观测数据的误差协方差矩阵进行缩放从而保持参数更新的数值稳定性。

2011 年，Oliver 和 Chen[1]对 20 世纪初期自动历史拟合关键研究进展进行了详细的综述。最近 10 年，随着理论方法以及计算机技术的发展，自动历史拟合技术更加强调油气藏数值模型的概率性拟合建模，解决包括多模态后验的不确定性采样、提升计算效率、减少计算耗时等成为自动历史拟合领域求解方法的主要研究方向，发展出一系列混合改进求解方法。2010 年，Emerick 和 Reynolds[22]提出了 EnKF-MCMC 方法进行自动历史拟合求解，EnKF 方法具有计算高效但是不能够正确采样的特点，而 MCMC 方法能够正确采样但计算效率低，EnKF-MCMC 方法使用 EnKF 方法为 MCMC 采样生成初始样本和提案样本，结合了两种方法的优势。2013 年，Chinedu 等[23]研究使用两阶段的 EnKF 方法解决多模态后验采样问题，第一阶段使用标准 EnKF 进行参数更新，然后计算拟合目标函数寻找到最佳的解，围绕发现的多个最佳解重新生成多个不同的初始集合进行第二阶段的EnKF更新，然而对于实际高维问题，往往第一阶段的EnKF更新之后是难以发现多个潜在峰值的，另外计算代价也难以承受。2014年，Xue和Zhang[24]将贝叶斯模型平均框架与EnKF相结合提出了多模态的EnKF方法，需要提前设定多个不同的地质假设模型进行参数场更新从而获得多样性的拟合结果。2017年，Gao等[25]提出了分布式高斯牛顿优化方法进行自动历史拟合以获取多个最佳拟合解，基于高斯牛顿公式构建局部的二次近似模型在参数空间并行的局部更新多个解。2018年，Chen等[26]在分布式高斯牛顿优化方法的基础上提出了全局搜索的分布式高斯牛顿算法，将高斯牛顿方法与随机最大似然方法相结合进行全局优化更新。Zhang等[27]提出了局部多次迭代更新的ES数据同化方法，集合中每个模型都是选取距离最近的子集合进行更新。2020年，Li和Reynolds[28]提出了首先产生多个初始样本并使用梯度优化方法进行拟合更新，用于估计高斯混合模型作为MCMC的提案分布解决多模态的后验采样问题。另外，使用代理模型技术释放采样算法的搜索能力也是近年来拟合求解方法的主要研究方向。代理模型的计算代价远小于高精度的油藏数值模型，因此基于代理模型的拟合求解方法能够使用有限的计算资源进行充分的概率性采样。

二、自动历史拟合降维重构方法

油藏数值模型的不确定性主要来源是地质属性参数，如渗透率、孔隙度等。地质属性参数在空间上具有非均质性，对地质属性准确建模通常需要使用数十万乃至数亿网格参数进行精细表征。因此，高维网格参数表征的地质属性反演求解对自动历史拟合技术带来了极大挑战，而降维重构方法是解决该问题的有效手段。通常，降维重构方法基于一组初始随机地质实现(样本)，对地质样本进行特征学习将高维地质参数降维至低维连续空间，并且需要能够从低维连续参数重构生成高维地质参数场。通常基于先验地质信息使用地质统计学随机建模方法生成地质样本，例如两点统计方法或多点统计的方法。降维重构方法在自动历史拟合中主要解决两方面问题：①高维难题，空间分布的不确定性地质属性精细描述需要大量网格参数进行表征，通常达数十万乃至数百万维，难以直接进行拟合求解；②复杂地质结构保持问题，河流相等复杂地质结构使地质属性在空间上变化不连续，具有非高斯分布特征，历史拟合求解保持地质特征困难。

目前，自动历史拟合领域广泛使用的降维方法主要有两类：基于矩阵分解方法和基于深度生成模型方法。基于矩阵分解的降维方法主要包括奇异值分解和主成分分析方法等。该类方法通过计算地质参数之间的线性相关性对参数矩阵分解并提取主要特征，从而构建模型参数的低维映射。该类方法利用少量地质样本即可实现降维重构，能够有效解决具有高斯分布特征的连续性地质参数场的降维重构问题。但由于该类方法本质上是线性降维，难以捕捉地质参数场的高阶统计特征，对具有非高斯分布的复杂地质参数场难以有效降维重构。为解决该问题，有学者在此基础上研究核主成分分析等非线性降维方法。Emerick[29]对主成分分析、核主成分分析以及基于优化的主成分分析等三种降维重构方法在具有复杂地质的自动历史拟合求解方面进行了对比，结果表明基于优化的主成分分析方法表现相对较好，但仍然难以完全有效地保留复杂地质结构。另外，基于矩阵分解的降维重构方法保留主要特征进行模型重构忽略了细节特征，存在信息损失问题，难以满足油藏精细表征的需求。

近年来，随着深度学习方法的发展，基于深度生成模型如变分自编码模型(Variational Auto-encoder，VAE)和对抗生成神经网络模型(Generative Adversarial Networks，GAN)研究复杂地质参数场的降维重构方法在自动历史拟合领域受到广泛关注。Laloy 等[30]验证了 GAN 模型生成的参数场能够符合原始样本的地质统计特征。Canchumuni 等[31]结合卷积 VAE 模型和数据同化方法解决复杂河流相油藏的自动历史拟合问题。考虑 VAE 模型在生成多样性方面具有优势，而 GAN 模型在生成精度方面具有优势，Mo 等[32]提出了 VAE-GAN 组合模型进行复杂地质参数场的降维重构。针对河流相结构边缘重构误差较大的问题，Zhang 等[33]提出了融合相边缘信息的 GAN 模型，将河流相边缘信息与渗透率场同时作为输入引导生成模型能够更好地重构相边缘。Song 等[34]提出了 GANsim 模型进行地质建模，将地质信息如沉积相概率图、井位相数据以及沉积相比例等作为条件，并使用 35640 个地质样本进行模型学习，经过训练的 GANsim 方法能够快速生成丰富的地质模型且满足地质统计特征。

三、油藏数值模拟代理模型加速自动历史拟合求解

自动历史拟合方法往往需要运行大量的油藏数值模拟计算，而单次油藏数值模拟计算需要数分钟乃至数小时，因此面临计算耗时难题。使用代理模型方法提高拟合求解方法的计算效率是自动历史拟合领域的主要研究方向之一。应用于自动历史拟合问题的代理模型可分为数据驱动的代理模型、基于投影的降阶模型以及多保真模型，其中降阶模型和多保真模型可以进一步归类为物理驱动的代理模型。降阶模型是将控制方程投影到一组标准正交向量基上降低参数空间的维数实现模拟计算效率的提升，多保真模型是通过简化油藏数值模拟模型例如网格粗化、降低数值求解精度或去除一些复杂流动过程提升计算效率。物理驱动的代理模型保留了底层的物理规律即数值模拟的控制过程，通过对油藏数值模拟进行简化实现计算效率的提高，具有一定程度上的泛化性能。然而，降阶模型和多保真

模型构建时往往基于强假设条件，需要针对具体油藏问题进行设计，严重依赖于专家经验和领域知识。

近年来，随着大数据分析、人工智能理论方法的兴起，数据受到了科学和工程领域的重视。基于数据驱动的代理模型使用机器学习方法进行建模分析，从数据中挖掘规律，近似问题输入输出之间复杂的底层映射关系，相比于物理驱动的代理模型适用性更强。从数据的角度，自动历史拟合求解中使用数据驱动的代理模型，本质是通过增强油藏数值模拟数据的利用效率从而提升拟合求解的质量。数据驱动的代理模型应用于自动历史拟合求解主要有两种方式：一是在线代理建模，即拟合求解过程中需要采集数据样本进行数值模拟迭代地调整代理模型；另一种则是离线代理建模，即代理模型完全取代油藏数值模拟进行历史拟合，求解过程中无需采集数据样本进行数值模拟。传统的机器学习模型如径向基函数模型、高斯过程模型、多项式回归等，受限于学习能力难以直接取代油藏数值模型进行离线拟合求解，往往以在线代理的形式用于自动历史拟合。2015 年，Li 等[35]使用高斯过程作为代理模型与重要性采样算法结合加速历史拟合求解，迭代地提升代理模型的精度解决多模态的后验采样问题。2018 年，Dachanuwattana 等[36]使用 K 近邻模型作为代理模型与 MCMC 采样方法结合，并基于嵌入式离散裂缝模拟器进行页岩油藏压裂裂缝的历史拟合。2019 年，Li 等[37]从工程实践的角度总结了使用试验设计方法构建代理模型进行历史拟合的关键步骤，包括问题建立、敏感性分析、代理建模、MCMC 采样、历史拟合过滤、生产预测以及代表性模型选取。随着机器学习领域深度学习理论方法的突破，众多学者研究使用深度学习方法构建自动历史拟合代理模型。由于深度学习方法具有强大的表征学习能力，可以构建复杂非线性映射的高精度代理模型，因此多以离线代理的方式与自动历史拟合求解方法结合。2018 年，计算物理研究领域 Zhu 和 Nicholas[38]基于深度学习领域的图像到图像的回归建模框架提出贝叶斯深度卷积编码-解码网络代理模型，数值实验中研究了二维单相稳态达西流动问题，将空间分布的渗透率场作为输入，预测多个时间步的饱和度场和流速场，并结合 MCMC 进行了参数反演研究。基于图像到图像的代理建模框架使用深度卷积网络模型进行数值模拟的代理建模在水文地质、石油工程等领域得到了广泛关注。储层地质特性如渗透率、孔隙度等以及流动特性如饱和度、压力等都具有空间分布的特点，而卷积神经网络正是可以处理这类空间分布数据的有力工具。2019 年，Tang 和 Durlofsky[39]等使用残差连接的 U-Net 模型和卷积长短期记忆神经网络建立油藏储层数值模拟的代理模型，结合 Peaceman 方程根据预测的饱和度和压力场结果即可计算油水井的生产数据，与随机最大似然方法结合进行离线的自动历史拟合。2020 年，Zhong 和 Sun 等[40]基于生成对抗神经网络模型构建油藏数值模拟的代理模型，具有预测的饱和度、压力场分辨率高的优势，针对结合 Peaceman 方程预测油水井生产数据产生的额外误差提出了相应的校正方法。另外也有学者研究基于数据以及物理、领域知识约束结合深度学习建模方法构建油藏数值模拟的代理模型，通过引入物理、领域知识的约束，可以减少代理建模对数据的依赖、增强预测的泛化性以及可解释性等。2019 年，Raissia 等[41]提出了物理信息的神经网络，使用物理规则作为神经网络训练的补充信息，使得训练得到的神经网络模型更具物理意义。Zhu 和 Nicholas[42]研究了以物理方程构建深度学习模型的损失函数实现对二阶椭圆偏微分方程问题求解。2021 年，Zhang 等[43]提出了理论引导的神经网络方法并应用于地下流动问题的代理建模和历史拟合反演问题。

四、自动历史拟合技术面临的关键挑战

反演建模的多解性、数值模拟计算耗时是限制自动历史拟合技术大规模实际应用的关键瓶颈难题。自动历史拟合作为典型病态反问题，通常基于贝叶斯概率框架建模为数值采样或数值优化，由于观测数据以及静态数据提供的信息相对于储层不确定性是有限且稀疏的，因此多解性是难以避免的。对于油藏智能化管理，尽可能全面地搜索寻找到潜在的多个解对于分析不确定性参数的概率分布、生产预测的不确定性量化、鲁棒生产优化以及风险分析决策等至关重要。然而，寻找多个解意味着需要对参数空间进行充分探索，需要大量的油藏数值模拟评估，而单次油藏数值模拟计算往往需要数分钟乃至数小时。至今，自动历史拟合求解的多解性与计算耗时特性在世界范围内仍然是重要挑战，研究更加高效的自动历史拟合方法提高油藏数值建模精度和可靠性对于油气藏智能化具有重要意义。

第三节　自动历史拟合与智能油田

一、油田智能化发展趋势与自动历史拟合

近年来随着云计算、大数据、人工智能、第五代移动通信技术等纷纷应用于油田生产开发，油气勘探开发生产行业数字化、网络化、智能化建设持续推进[44,45]。以壳牌、雪佛龙、斯伦贝谢、道达尔等国际大型石油公司为例：壳牌已在全球建立了 59 个智能油气田；雪佛龙公司搭建了 I-Connect 应用系统实现油田生产环节数据共享，通过整合数据处理、分析以及建模提高油田生产开发效率；斯伦贝谢与谷歌合作研发了 DELFI 云平台，整合大数据、认知计算等智能理

论方法与油气生产勘探技术构建了勘探生产开发全流程数字化、网络化、智能化应用平台；道达尔公司开发了油气生产一体化协同研究平台将油气藏管理、注采井筒调控以及地面集输设备等生产开发全系统进行数字化建模和优化；英国石油公司 BP 的未来油田项目在全球建立了 35 个先进协作中心，是全球最大规模的集成运营项目之一。尽管我国油田智能化建设起步较晚，但是近年来各大石油公司也取得了许多突破：中国石油搭建了国内首个云计算平台“勘探开发梦想云”，下属大庆、长庆、新疆等多个油田分公司开展数字化、网络化、智能化协同建设，预计在 2025 年实现全部油气田 100% 数字化；中国石化于 2013 年开始油气田智能化转型，2018 年在中原油田、西北油田进行智能油气田试点建设，2019 年部署了石化智云平台，截至 2021 年 12 月，已完成 10 个智能工厂、2 个智能油气田示范区建设；中国海油于 2012 年明确智能油气田建设目标，构建勘探开发以及海陆协同智能化体系，建设智能化海上作业平台，截至 2021 年 12 月已完成 28 座海上平台智能化改造，平台无人化率达到 11%，提出 2025 年初步实现全集团公司范围的智能化转型。

数字化、网络化、智能化已成为石油行业的重要发展方向，而油气藏作为油气生产勘探开发的主体，油气藏的智能化管理是智能油田建设的关键核心。油藏智能化也称为油藏生产实时优化管理，通过构建可靠的油藏储层数值模型精细化管理油藏，包括优化生产、分析剩余油、制定决策方案以及评估开发风险等，通过智能井实时监测和反馈形成闭环管理，伴随油田生产开发在油藏全生命周期中动态进行，实现提高采收率、经济效益最大化、节能环保等目标。另外，目前我国各大油田油藏地质条件复杂，仍使用以专家决策为主的油气藏开采技术，采收率约为 35% 左右，迫切需要开展油气藏的剩余油挖潜调控，油藏智能化技术为采收率的提高提供了契机。油藏智能化管理相关技术研究主要包含自动历史拟合研究和其他控制输入优化研究如生产优化、井网井位优化以及其他提高采收率策略优化等。自动历史拟合作为油藏智能化管理的关键技术主要目的是提供可靠的油藏储层数值模型。近年来，人工智能领域尤其是深度学习理论和方法的突破，为自动历史拟合技术的发展带来了新的契机。国内外学者将深度学习与自动历史拟合交叉融合，形成了基于深度学习的自动历史拟合。深度学习能够有效利用地质建模、油藏数值模拟等过程产生的高维复杂非线性数据，对于提升自动历史拟合技术的建模精度和计算效率展现出巨大的研究价值。

二、智能化对自动历史拟合提出了新的挑战

构建可靠的油藏数值模型是油藏管理数字化智能化的关键，对于生产预测的不确定性量化、鲁棒的生产优化、开发方案风险分析等都至关重要[46]。自动历

史拟合作为典型的病态反问题，稀疏的观测数据难以完全消除油藏数值模型的不确定性，多解性不可避免。因此有必要研究基于贝叶斯框架的概率性自动历史拟合求解方法，对具有多解性的后验概率分布进行充分采样。

实时性是油藏数字化智能化管理的必然需求，基于自动历史拟合对储层进行实时动态建模、生产实时优化决策、智能井实时调控和监测，实现油藏生产开发全生命周期精细化的优化管理。自动历史拟合建模作为油藏实时管理的关键一环，有必要研究如何快速吸收动态观测数据调整储层数值模型。然而，自动历史拟合求解既要考虑实时性又要考虑可靠性，实时性要求算法具有好的收敛性，而可靠性要求算法具有探索性。因此自动历史拟合求解算法势必面临收敛性与探索性的平衡问题。自动历史拟合是典型的涉及大量油藏数值模拟的优化问题，类似的还有生产优化、井网井位优化等，计算耗时的油藏数值模拟是限制此类问题高效求解的关键阻碍。云计算已成为石油行业的基础设施，基于云计算进行分布式优化已成为解决大规模复杂工程问题的关键。注重算法的并行扩展性，是分布式优化方法需要研究的重要方向。尽管传统的进化优化、数据同化等方法都具有并行计算能力，但是算法的性能受限于种群或集合的规模大小，在探索性、收敛性方面也存在各自的问题。

数据的重要性在科学和工程领域都取得了共识，而自动历史拟合求解中花费大量计算资源产生的油藏数值模拟数据的利用对于提升拟合求解的效率至关重要。深度学习理论方法为自动历史拟合领域油藏数值模拟数据的利用研究提供了新的研究手段，尤其是使用深度学习模型构建油藏数值模拟的高精度代理模型得到广泛研究，但是仍然处于初步的探索研究中。本书将重点介绍机器学习领域的理论方法如何与油藏自动历史拟合技术进行交叉融合，提升自动历史拟合求解的效率和精度，适应智能油田对自动历史拟合技术的需求。

参 考 文 献

[1] Oliver D. S., Chen Y. Recent progress on reservoir history matching: a review[J]. Computational Geosciences, 2011, 15(1): 185-221.

[2] 王鸣川，段太忠，孙红军，等. 油藏自动历史拟合研究进展[J]. 科技导报，2016，34(18)：236-245.

[3] Matheron G. Principles of geostatistics[J]. Economic Geology, 1963, 58(8): 1246-1266.

[4] Chavent G., Dupuy M., Lemmonier P. History matching by use of optimal theory[J]. Society of Petroleum Engineers Journal, 1975, 15(01): 74-86.

[5] Wasserman M. L., Emanuel A. S., Seinfeld J. H. Practical applications of optimal-control theory to history-matching multiphase simulator models[J]. Society of Petroleum Engineers Journal,

1975, 15(04): 347-355.

[6] Tan T. B., Kalogerakis N. A Fully Implicit, Three-dimensional, three-phase simulatorwith automatic history-matching capability[C]. SPE21205, 1991.

[7] Sarma P., Durlofsky L. J., Aziz K., et al. Efficient real-time reservoir management using adjoint-based optimal control and model updating[J]. Computational Geosciences, 2006, 10(1): 3-36.

[8] Gao G., Li G., Reynolds A. C. A Stochastic optimization algorithm for automatic history matching[J]. SPE Journal, 2007, 12(02): 196-208.

[9] Li G., Reynolds A. C. Uncertainty quantification of reservoir performance predictions using a stochastic optimization algorithm[J]. Computational Geosciences, 2011, 15(3): 451-462.

[10] Deutsch C. V., Journel A. G. The Application of simulated annealing to stochastic reservoir modeling[J]. SPE Advanced Technology Series, 1994, 2(02): 222-227.

[11] Guerreiro J. N. C., Barbosa H. J. C., Garcia E. L. M., et al. Identification of reservoir heterogeneities using tracer breakthrough profiles and genetic algorithms[J]. SPE Reservoir Evaluation & Engineering, 1998, 1(03): 218-223.

[12] Romero C. E., Carter J. N. Using genetic algorithms for reservoir characterisation[J]. Journal of Petroleum Science and Engineering, 2001, 31(2): 113-123.

[13] Oliver D. S., Cunha L. B., Reynolds A. C. Markov chain Monte Carlo methods for conditioning a permeability field to pressure data[J]. Mathematical Geology, 1997, 29(1): 61-91.

[14] Liu N., Oliver D. S. Evaluation of Monte Carlo methods for assessing uncertainty[J]. SPE Journal, 2003, 8(02): 188-195.

[15] Efendiev Y., Hou T., Luo W. Preconditioning Markov Chain Monte Carlo simulations using coarse-scale models[J]. SIAM Journal on Scientific Computing, 2006, 28(2): 776-803.

[16] Liu C., McVay D. A. Continuous reservoir-simulation-model updating and forecasting improves uncertainty quantification [J]. SPE Reservoir Evaluation & Engineering, 2010, 13(04): 626-637.

[17] Lorentzen R. J., Fjelde K. K., Frøyen J., et al. Underbalanced and low-head drilling operations: real time interpretation of measured data and operational support[C]. SPE71384, 2001.

[18] Geir A. E., Mannseth T., Vefring E. H. Near-well reservoir monitoring through Ensemble Kalman filter[C]. SPE75235, 2002.

[19] Gu Y., Oliver D. S. History matching of the PUNQ-S3 reservoir model using the ensemble Kalman filter[J]. SPE Journal, 2005, 10(02): 217-224.

[20] Skjervheim J. -A., Evensen G., Aanonsen S. I., et al. Incorporating 4D seismic data in reservoir simulation models using ensemble kalman filter[C]. SPE95789, 2005.

[21] Emerick A. A., Reynolds A. C. Ensemble smoother with multiple data assimilation[J]. Computers & Geosciences, 2013, 55: 3-15.

[22] Emerick A. A., Reynolds A. C. EnKF-MCMC[C]. SPE131375, 2010.

[23] Agbalaka C. C. , Stern D. , Oliver D. S. Two-stage ensemble-based history matching with multiple modes in the objective function[J]. Computers & Geosciences, 2013, 55: 28-43.

[24] Xue L. , Zhang D. A multimodel data assimilation framework via the ensemble Kalman filter [J]. Water Resources Research, 2014, 50(5): 4197-4219.

[25] Gao G. , Vink J. C. , Chen C. , et al. Distributed Gauss-Newton optimization method for history matching problems with multiple best matches[J]. Computational Geosciences, 2017, 21(5): 1325-1342.

[26] Chen C. , Gao G. , Li R. , et al. Global-search distributed-Gauss-Newton optimization method and its integrationwith the randomized-maximum-likelihood method for uncertainty quantification of reservoir performance[J]. SPE Journal, 2018, 23(05): 1496-1517.

[27] Zhang J. , Lin G. , Li W. , et al. An iterative local updating ensemble smoother for estimation and uncertainty assessment of hydrologic model parameterswith multimodal distributions[J]. Water Resources Research, 2018, 54(3): 1716-1733.

[28] Li X. , Reynolds A. C. A Gaussian mixture model as a proposal distribution for efficient Markov-Chain Monte Carlo characterization of uncertainty in reservoir description and forecasting [J]. SPE Journal, 2020, 25(01): 001-036.

[29] Emerick A. Investigation on principal component analysis parameterizations for history matching channelized facies models with Ensemble - based data assimilation [J]. Mathematical Geosciences, 2017, 49(1): 85-120.

[30] Laloy E. , Hérault R. , Jacques D. , et al. Training-image based geostatistical inversion using a spatial generative adversarial neural network[J]. Water Resources Research, 2018, 54(1): 381-406.

[31] Canchumuni S. , Emerick A. , Pacheco M. Towards a robust parameterization for conditioning facies models using deep variational autoencoders and ensemble smoother[J]. Computers & Geosciences, 2019, 128: 87-102.

[32] Mo S. , Zabaras N. , Shi, X. , et al. Deep autoregressive neural networks for high dimensional inverse problems in groundwater contaminant source identification [J]. Water Resources Research, 2019, 55(5): 3856-3881.

[33] Zhang K. , Yu H. , Ma X. , et al. Multi - source information fused generative adversarial network model and dataassimilation based history matching for reservoir with complex geologies [J]. Petroleum Science, 2022, 19(2): 707-719.

[34] Song S. , Mukerji T. , Hou J. Bridging the gap between geophysics and geology with Generative Adversarial Networks (GANs) [J]. IEEE Transactions on Geoscience and Remote Sensing, 2022, 60: 1-11.

[35] Li W. , Zhang D. , Lin G. A Surrogate-based adaptive sampling approach for history matching and uncertainty quantification[C]. SPE173298, 2015.

[36] Dachanuwattana S. , Jin J. , Zuloaga-Molero P. , et al. Application of proxy-based MCMC and

EDFM to history match a Vaca Muerta shale oil well[J]. Fuel, 2018, 220: 490-502.

[37] Li B., Bhark E. W., Gross S., et al. Best Practices of Assisted History Matching Using Design of Experiments[J]. SPE Journal, 2019, 24(04): 1435-1451.

[38] Zhu Y., Zabaras N. Bayesian deep convolutional encoder-decoder networks for surrogate modeling and uncertainty quantification[J]. Journal of Computational Physics, 2018, 366: 415-447.

[39] Tang M., Liu Y., Durlofsky L. J. A deep-learning-based surrogate model for data assimilation in dynamic subsurface flow problems[J]. Journal of Computational Physics, 2020, 413: 109456.

[40] Zhong Z., Sun A. Y., Ren B., et al. A Deep-learning-based approach for reservoir production forecast under uncertainty[J]. SPE Journal, 2021, 26(03): 1314-1340.

[41] Raissi M., Perdikaris P., Karniadakis G. E. Physics-informed neural networks: A deep learning framework for solving forward and inverse problems involving nonlinear partial differential equations[J]. Journal of Computational Physics, 2019, 378: 686-707.

[42] Zhu Y., Zabaras N., Koutsourelakis P. S., et al. Physics-constrained deep learning for high-dimensional surrogate modeling and uncertainty quantification without labeled data[J]. Journal of Computational Physics, 2019, 394: 56-81.

[43] Wang N., Chang H., Zhang D. Efficient uncertainty quantification and data assimilation via theory-guided convolutional neural network[J]. SPE Journal, 2021, 26(06): 4128-4156.

[44] 李阳，廉培庆，薛兆杰 等. 大数据及人工智能在油气田开发中的应用现状及展望[J]. 中国石油大学学报(自然科学版)，2020，44(04)：1-11.

[45] 匡立春，刘合，任义丽，等. 人工智能在石油勘探开发领域的应用现状与发展趋势[J]. 石油勘探与开发，2021，48(01)：1-11.

[46] 赵辉，盛广龙，饶翔，等. 油气藏智能开发系列技术一体化优化研究与进展[J]. 中国科学基金，2021，35(06)：984-991.

第二章　高维地质参数场降维重构方法

考虑油藏储层地质属性参数场的高维特点，本章主要介绍主成分分析和卷积变分自编码模型两种自动历史拟合领域典型的降维参数化方法。其中，主成分分析方法是基于矩阵分解进行降维，使用相对较少的地质样本即可实现，适用于连续性地质参数场降维；卷积变分自编码模型是基于深度生成学习的降维方法，需要大量地质样本进行模型训练，对于连续性和离散属性参数场均可实现有效降维压缩。另外，本章介绍了基于降维方法的自动历史拟合数学模型，以降维参数作为反演求解参数能够避免直接对地质参数场拟合带来的高维难题。

第一节　自动历史拟合与降维重构

自动历史拟合作为油藏数值模拟的关键环节，要求调整数值模型参数如渗透率、孔隙度、饱和度等，使得油藏数值模拟结果与实际生产观测数据如井底压力、产油量、含水率等尽可能匹配。然而，油藏数值模型通常包含数百万乃至数亿网格单元，地质参数场的高维特性导致自动历史拟合求解困难。高维参数反演求解计算复杂度高，收敛困难并且需要巨大的计算资源；另外，高维参数反演面临观测数据稀疏难题，实际生产观测数据量远小于地质参数维度，容易引发过拟合问题以及多解性等难题。因此，对高维地质参数场进行降维压缩是提高自动历史拟合反演求解效率和精度的关键方法，其核心思想是通过数学变换或机器学习手段，将原始的复杂高维地质参数映射到低维连续空间，在保留关键地质特征的同时显著降低自动历史拟合待求解参数的维度。考虑自动历史拟合求解的目的是获得准确可靠的地质参数场，因此在降维的同时还需要考虑参数场重构，即从低维连续参数如何映射到对应的高维地质参数场。目前，自动历史拟合研究领域主要形成了两种类型的降维重构方法，即基于线性变换方法以及基于深度生成学习模型方法。

基于线性变换的降维重构方法主要包括 Karhunen-Loève 展开(KLE)、奇异值分解、主成分分析(PCA)以及离散余弦变换(DCT)等[1-5]。其中，KLE 方法是基于随机场的谱分解方法，通过特征函数构建低维基函数，被广泛应用于地质参数场降维重构；PCA 方法通过协方差矩阵分解提取地质参数场的主要变化模式，适用于具有高斯分布特征的连续性地质参数场，其衍生方法如核 PCA（Kernel PCA）能够处理具有非高斯特征的复杂地质结构；DCT 方法是利用频域稀疏性压缩高维地质参数空间，能够保留较为精细的地质特征。基于线性变换的降维重构方法具有计算高效、数学理论成熟的优点，但是其缺点在于依赖线性假设，难以有效处理具有复杂非高斯特征的地质参数场如河流相、裂缝等。

近年来，深度生成模型在具有复杂特征的高维地质参数场降维重构问题上表现突出，被广泛研究和应用，主要包括变分自编码器（VAE）、生成对抗网络（GAN）以及扩散模型等方法[6-8]。其中，VAE 模型是基于变分贝叶斯推理，结合神经网络模型构建编码器与解码器，以概率性方式描述潜在变量空间，生成符合先验分布的低维潜在变量，在数据生成方面展现出良好性能；GAN 模型包括生成器和判别器两部分，生成器和判别器一般使用神经网络模型进行构建，并通过生成器与判别器之间的对抗博弈进行数据生成，能够生成高质量的图像、视频等数据，被广泛应用于图像生成、图像修复、风格迁移、艺术图像创造等任务，也被研究学者引入地质参数场的降维重构研究。基于深度生成模型的降维重构方法无需显式定义基函数，可自适应学习复杂的地质模式，但是深度生成模型的训练需要高性能计算资源及大量地质样本数据。

高维参数场降维重构方法通过挖掘油藏地质参数场的内在低维结构，将高维复杂的地质参数场重新表征为低维连续参数，因此也被称为参数重表征方法。降维重构方法能够在保持地质一致性的前提下提高自动历史拟合求解的计算效率。尽管目前降维重构方法已取得显著进展，但是仍然存在许多问题需进一步探索，例如小样本深度生成学习、条件约束下的地质参数场降维重构、先验地质知识与数据融合以及现有方法对缝洞性油藏等复杂地质的适应性不足等。

第二节 基于主成分分析的连续参数场降维方法

主成分分析（PCA）是一种多元统计分析方法，在信号处理、参数降维以及图像处理等领域被广泛研究和应用。PCA 方法是基于数据样本，通过正交变换对多元变量进行去相关性处理，将原本的多元变量投影映射为一组线性无关的变量（称为主成分）。如图 2-1 所示，假设对某人群中个体的身高和体重进行采样构建数据样本，经过 PCA 变换获得了两个线性无关的变量（主成分）来解释原数据样本。可以看到这组数据经过 PCA 变换后第一个主成分能够表示原数据样本的大部分信息，因此原来的身高和体重两个变量可以降维为一维变量，但是相应地也会损失第二个主成分反映的数据信息。

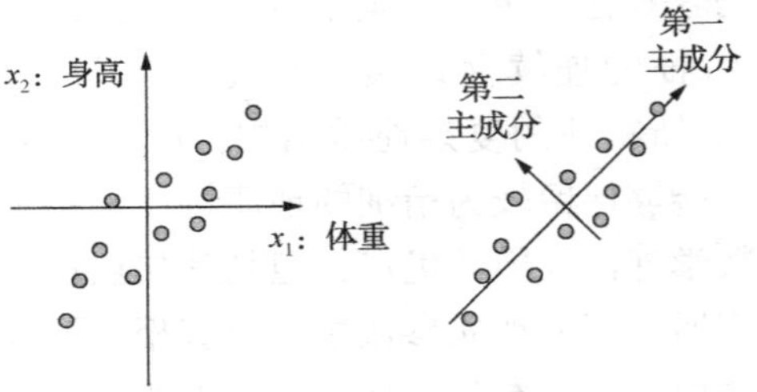

图 2-1　主成分分析原理示意图

PCA 方法被广泛应用于油藏连续性地质属性参数场降维表征。自动历史拟合求解前，基于地震、测井以及岩心等先验数据信息结合地质统计随机建模可以构建不确定性参数 m 的 N_r 个随机实现，组装成数据矩阵 $M=[m_1, m_2, \cdots, m_{N_r}]^T$，并减去模型均值(先验平均)得到去中心矩阵：

$$M_c=[m_1-\overline{m}, m_2-\overline{m}, \cdots, m_{N_r}-\overline{m}]^T \tag{2-1}$$

式中，M_c 是去中心化矩阵；$\overline{m}$ 表示先验平均，可根据数值平均计算得到。

进而，计算相应的去中心化矩阵 M_c 的协方差矩阵 C：

$$C=\frac{1}{N_r-1}M_c^T M_c \tag{2-2}$$

对协方差矩阵 C 进行特征分解计算特征向量和特征值：

$$V^{-1}CV=\Lambda \tag{2-3}$$

式中，Λ 是对角矩阵，对角线元素为矩阵 C 的特征值；V 是特征向量矩阵，其中列向量是协方差矩阵 C 的特征向量。

由于油藏模型地质属性参数具有高维特性，通常可达数十万乃至数百万网格变量，直接对模型参数协方差矩阵进行特征分解计算耗时。使用奇异值分解方法(SVD)对去中心化矩阵进行矩阵分解可以避免协方差矩阵计算，如式(2-4)所示，基于去中心矩阵 M_c构建矩阵 A：

$$A=\frac{1}{\sqrt{N_p-1}}M_c \tag{2-4}$$

使用 SVD 方法对矩阵 A 进行奇异值分解 $A=U\Sigma V^T$，其中 $U\in R^{N_p\times N_p}$、$V\in R^{N_m\times N_m}$分别是左奇异矩阵和右奇异矩阵，$\Sigma\in R^{N_p\times N_m}$是对角矩阵，其对角元素称为奇异值。则协方差矩阵 C 可以表示为：

$$C=A^T A=V\sum{}^T U^T U\sum V^T=V(\sum\sum{}^T)V^T \tag{2-5}$$

可推得右奇异矩阵 V 的列向量是协方差矩阵 C 的特征向量，协方差矩阵 C 的特征值是奇异值的平方。基于右奇异矩阵 V 和奇异值矩阵Σ进行高维参数的降维和重构，如式(2-6)所示：

$$m_{\mathrm{pca}}=V_l\sum_l z+\overline{m} \tag{2-6}$$

式中，m_{pca}表示基于PCA方法根据低维随机变量z随机生成的高维参数场；l表示降维后保留的主成分个数也即降维变量的维数；V_l是矩阵V的前l列向量；$\sum_l$是奇异值矩阵的前$l\times l$的部分；z是降维变量且服从标准正态分布$z\sim N(0, I)$。

因此，基于PCA降维的自动历史拟合目标函数可表达为：

$$\min f(z)=\frac{1}{2}(d_{\mathrm{obs}}-g(m_z))^{\mathrm{T}}C_D^{-1}(d_{\mathrm{obs}}-g(m_z))+\frac{1}{2}z^{\mathrm{T}}z \tag{2-7}$$

式中，m_z表示根据降维变量z使用PCA方法生成的高维参数场。

可以看到式(2-7)中第一项表示计算更新调整后的模型参数场对应的模拟数据与观测数据之间的误差，而式(2-7)的第二项是对降维变量z进行先验约束，进而使得更新后的模型能够保持先验地质一致性，对降维变量z进行先验约束也避免了需要计算原始的高维地质参数的协方差矩阵C_{M}的逆矩阵，C_{M}是高维矩阵求逆计算耗时。

第三节　基于卷积变分自编码模型的参数场降维方法

PCA等基于矩阵分解的降维方法能够很好地解决连续性参数场的降维，但是对具有非高斯特征的离散地质属性如沉积相等难以有效进行降维重构。另外，PCA方法是线性变换方法，数据降维压缩能力有限。近年来，基于深度生成学习模型如对抗生成网络(GAN)模型和变分自编码(VAE)模型等，对具有复杂地质特征的高维空间参数场进行降维参数化在自动历史拟合研究领域得到广泛关注。本节以VAE模型作为代表介绍深度生成模型在高维地质参数场降维重构中的应用，包括VAE模型的基本原理、基于卷积神经网络的VAE模型以及基于VAE的降维自动历史拟合数学模型。

一、变分自编码模型

变分自编码(VAE)模型的基本假设是数据样本x由随机过程产生并且涉及一个未观察到的或不可观察到的连续低维随机变量z，称为潜变量(Latent vector)。这个随机过程由两步组成，首先根据先验分布$P(z)$生成潜变量z；其次根据z由条件分布$P(x|z)$生成数据样本x。由先验分布和条件分布可以得到数据样本x的边际似然为：

$$P(x)=\int P(x|z)P(z)\mathrm{d}z \tag{2-8}$$

根据式(2-8)的解析表达式即可采样生成数据样本 x，但 $P(x|z)$ 通常涉及复杂的非线性过程不可解析求解。因此 VAE 模型使用变分推理方法推导得到边际似然的变分下界：

$$\log P(x) \geq L(\theta, \varphi; x) = E_{q_{\varphi}(z|x)}[-\log q_{\varphi}(z|x) + \log P_{\theta}(x|z)] \tag{2-9}$$

式中，$L(\theta, \varphi; x)$ 是数据 x 的似然，$q_{\varphi}(z|x)$ 表示基于 x 获得对应的潜变量 z 的过程，φ 是参数；$P_{\theta}(x|z)$ 表示基于潜变量 z 生成数据 x 的过程，参数为 θ。

VAE 模型使用神经网络模型建立编码器（Encoder）和解码器（Decoder）对 $q_{\varphi}(z|x)$ 和 $P_{\theta}(x|z)$ 分别进行数值近似，基于式(2-9)定义 VAE 模型的损失函数为：

$$\mathcal{L}(\theta, \varphi; x) = -D_{\mathrm{KL}}(q_{\varphi}(z|x) \,||\, P(z)) + \frac{1}{N}\sum_{i=1}^{N}(\log P_{\theta}(x|z^{i})) \tag{2-10}$$

式中，D_{KL} 表示 Kullback-Leibler(KL) 散度；N 表示样本数量；φ 和 θ 分别是编码器和解码器对应的可训练参数。

潜变量 z 的先验分布 $P(z)$ 一般采用标准正态分布，式(2-10)的损失函数中第一项使用 KL 散度最小化 $q_{\varphi}(z|x)$ 和 $P(z)$ 之间的距离，使得训练后的 VAE 模型编码得到的潜变量也接近标准正态分布；损失函数中第二项使用 N 个样本计算对数条件分布，实际训练时采用训练样本 x 和 VAE 模型重构样本之间的均方误差代替，使得模型生成的样本与训练样本接近。将 VAE 模型应用于油藏地质参数场降维重构时，将用地质统计随机建模方法生成的地质先验实现作为训练样本，考虑到参数场具有空间分布的特点，通常使用卷积神经网络搭建编码器和解码器。卷积变分自编码模型结构示意图如图 2-2 所示。

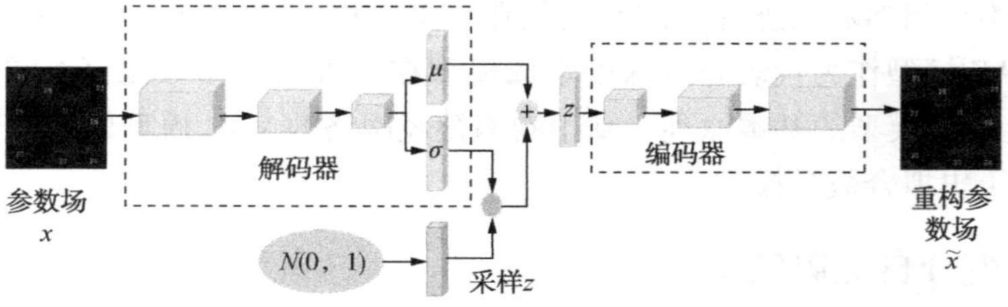

图 2-2　卷积变分自编码模型结构示意图

潜变量 z 的先验分布采用了标准正态分布，由此可以推得基于降维变量的自动历史拟合数学模型如式(2-11)所示：

$$\min f(z) = \frac{1}{2}(d_{\mathrm{obs}} - g(m_z))^{\mathrm{T}} C_{\mathrm{D}}^{-1}(d_{\mathrm{obs}} - g(m_z)) + \frac{1}{2}z^{\mathrm{T}}z \tag{2-11}$$

式中，m_z 表示根据潜变量 z 输入到编码器生成的高维参数场。

VAE 模型训练完成后，在自动历史拟合反演求解时仅使用编码器部分进行生成高维地质参数场。式(2-11)与式(2-7)形式上是统一的，第一项度量更新模型数值模拟数据与观测数据之间的误差，第二项是正则化的作用，约束更新的低维潜变量尽可能服从正态分布，从而使用解码器生成的高维参数场也能够与先验地质特征保持一致。

二、卷积变分自编码模型

卷积变分自编码(CVAE)模型是以卷积神经网络[9]为基础构建VAE模型中的编码器和解码器部分。卷积神经网络(CNN)是一种能够有效处理具有网格状拓扑结构数据(例如图像、视频等可以表达为矩阵或张量类型的数据)的神经网络模型。典型的CNN模型主要包括三个基本操作即卷积、激活函数和池化。卷积和池化操作有1D、2D和3D之分，主要区别在于操作算子在数据轴上移动的自由度(提取特征的维度)。本书研究主要使用2D卷积和2D池化操作。如图2-3所示，考虑输入数据 $x \in R^{H\times W\times C_{\mathrm{in}}}$ 是一个张量，x 可以看作是 C_{in} 个大小为 $H\times W$ 的矩阵(特征图)堆叠，C_{in} 称作通道数。使用 C_{out} 个卷积核 $K^q \in R^{H_k\times W_k\times C_{\mathrm{in}}}$ 对 x 进行特征提取，其中 $H_k<H$，$W_k<W$ 确定了卷积核的大小。这使得卷积核可以在 H 和 W 两个方向上进行移动提取特征(所以称作2D卷积)。对输入数据 x 在特征图上像素点(u，v)处进行卷积操作，如下所示：

$$\varphi_{u,v}^q = \sum_{i=1}^{H_k} \sum_{j=1}^{W_k} (K_{i,j}^q x_{u+i,v+j}) \tag{2-12}$$

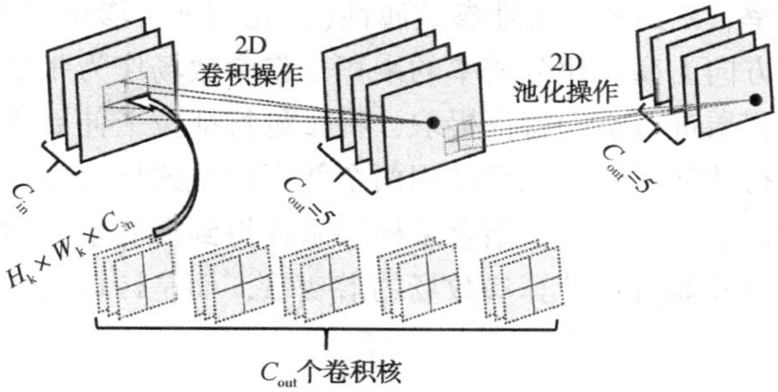

图2-3 卷积神经网络的卷积和池化操作示意图

随后使用非线性激活函数对 $\varphi_{u,v}^q$ 进行非线性映射，一般使用修正线性激活单元(ReLU)函数，研究表明ReLU函数可以增强网络的稀疏性、减少计算量以及避免深层网络出现梯度消失等问题，如下所示：

$$\eta_{u,v}^q = \begin{cases} \varphi_{u,v}^q & \text{if } \varphi_{u,v}^q > 0 \\ 0 & \text{otherwise} \end{cases} \tag{2-13}$$

式中，$\eta_{u,v}^{q}$表示在像素点(u, v)处的非线性激活结果。

可以看到，ReLU 函数是一个分段函数，输入大于 0 时 ReLU 函数是线性函数，输入小于等于 0 时 ReLU 函数输出为 0，这种操作被称为单侧抑制，使神经网络产生稀疏性。经过以上卷积操作和非线性激活计算，输入数据 x 获得了对应的输出 $\xi \in R^{H_\xi \times W_\xi \times C_{out}}$，也是一个张量数据，具有 C_{out} 个特征图。H_ξ 和 W_ξ 可以根据输入数据 x 的大小和卷积核 K^q 的大小进行计算，以 H_ξ 为例，如下所示：

$$H_\xi = \left\lfloor \frac{H+2p-H_k}{s} \right\rfloor + 1 \tag{2-14}$$

式中，$\lfloor \cdot \rfloor$表示向下取整；p 表示在 x 的特征图四周边缘填充(padding)操作的补零个数，用于调整输出特征图的大小；s 表示卷积核的移动步长(stride)可压缩输入信息。

在卷积操作和非线性激活之后使用池化操作进一步处理特征，池化操作对特征图的局部区域作统计提取，它改变了特征图的大小，也称作下采样。常用的池化操作有最大池化(MaxPooling)、平均池化(AveragePooling)。最大池化是取特征图中一个长方形区所有特征的最大值，平均池化则是取平均值。池化操作对提取的特征图中较小特征保持近似不变性，这有利于提取出有意义的特征(变化更明显的特征)。

典型 CVAE 模型的编码器结构如表 2-1 所示，主要由三层卷积神经网络层组成。假设输出的地质参数场大小为 $H \times W \times Z$，其中 H 和 W 是油藏数值模型网格平面上离散化分辨率，Z 是不确定性参数属性(如孔隙度、渗透率等)的个数与油藏数值模型在垂直方向上离散化分辨率的乘积。将参数场作为张量类型数据输入模型，使用三个卷积层进行空间特征提取，将张量特征拉平伸展为向量数据，使用一个全连接层进行特征压缩，之后使用两个并列的全连接层分别编码得到参数场对应潜变量的均值和对数方差，结合采样层采样得到潜变量 z。可以看到，CVAE 模型中编码器部分并非直接计算参数场的潜变量，而是计算潜变量对应的正态分布的均值和方差。

表 2-1 典型 CVAE 模型的编码器结构

神经网络层	参数配置	说明
输入层	Shape=(W, H, Z)	输入参数场
2D 卷积层 1	Kernels=64, size=(3, 3), stride=(2, 2), ReLU	卷积提取特征
2D 卷积层 2	Kernels=64, size=(3, 3), stride=(2, 2), ReLU	卷积提取特征
2D 卷积层 3	Kernels=64, size=(3, 3), stride=(2, 2), ReLU	卷积提取特征
拉平操作	Flatten	张量转为向量

续表

神经网络层	参数配置	说明
全连接层 1	Neurons＝1000，ReLU	压缩特征
全连接层 2	Neurons＝N_z，ReLU	编码平均值
全连接层 3	Neurons＝N_z，ReLU	编码对数方差
自定义采样层	根据编码平均值和对数方差采样潜变量 z	编码潜变量

典型 CVAE 模型网络的解码器结构如表 2-2 所示，主要由三层反卷积操作组成。

表 2-2　典型 CVAE 模型网络的解码器结构

神经网络层	参数配置	说明
输入层	Shape＝（N_z，1）	输入潜变量
全连接层 4	Neurons＝128，ReLU	特征映射
全连接层 5	Neurons＝2D 卷积层 3 的输出维数，ReLU	特征映射
转换形状	Kernels＝64，size＝（3，3），stride＝（2，2），ReLU	向量转为张量
2D 反卷积 1	Kernels＝16，size＝（3，3），stride＝（1，1），ReLU	张量转为向量
2D 反卷积 2	Kernels＝16，size＝（3，3），stride＝（2，2），ReLU	压缩特征
2D 反卷积 3	Kernels＝16，size＝（3，3），stride＝（2，2），ReLU	编码平均值
双线性采样	Outputsize＝（W，H）	校正输出大小
2D 卷积 4	Kernels＝Z，size＝（3，3），stride＝（1，1），ReLU	编码潜变量

将解码器得到的潜变量 z 作为输入，首先使用两个全连接层进行特征映射，将低维潜变量 z 映射为高维向量，维数与表 2-1 中 2D 卷积层 3 输出特征总维数一致，以便进行对称的卷积处理。通过变形操作将向量转为张量特征，对应大小与 2D 卷积层 3 特征一致。随后结合三层反卷积操作进行上采样，反卷积操作是卷积操作的反向操作，原理与卷积操作类似。经过三层反卷积操作，得到了与输入参数场水平方向大小一致或接近的特征张量，对于尺寸接近但不一致的情形，使用双线性采样的方法进行微调。最终，使用一层 2D 卷积操作将特征数量变换为与输入参数场相同。

典型 CVAE 模型训练时编码器和解码器进行端对端的学习，基于反向传播方法使用 Adam 随机梯度优化方法进行模型训练。训练完成后，自动历史拟合求解时更新调整 z，使用解码器部分根据低维潜变量 z 生成对应的参数场输入油藏数值模拟计算对应的生产数据和目标函数。

参 考 文 献

[1] Sarma P., Durlofsky L. J., Aziz K. Kernel principal component analysis for efficient, differentiable parameterization of multipoint geostatistics[J]. Mathematical Geosciences, 2008, 40(1): 3-32.

[2] 王玉斗，何健，李高明. 基于离散余弦变换的集合 Kalman 滤波方法对河流相油藏渗透率场的反演[J]. 地球物理学报，2011，54(07)：1900-1911.

[3] Vo H. X., Durlofsky L. J. Data assimilation and uncertainty assessment for complex geological models using a new PCA-based parameterization[J]. Computational Geosciences, 2015, 19(4): 747-767.

[4] Emerick A. A. Investigation on principal component analysis parameterizations for history matching channelized facies models with Ensemble-based data assimilation[J]. Mathematical Geosciences, 2017, 49(1): 85-120.

[5] 张凯，马小鹏，王增飞，等. 一种强非均质性油藏自动历史拟合混合求解方法[J]. 中国石油大学学报(自然科学版)，2018，42(5)：89-97.

[6] Canchumuni S. W. A., Emerick A. A., Pacheco M. A. C. Towards a robust parameterization for conditioning facies models using deep variational autoencoders and ensemble smoother[J]. Computers & Geosciences, 2019, 128: 87-102.

[7] 马小鹏，张凯，陈昕晟，等. 基于集合光滑的深度学习自动历史拟合方法[J]. 中国石油大学学报(自然科学版)，2020，44(04)：68-76.

[8] Laloy E., Hérault R., Jacques D., et al. Training-image based geostatistical inversion using a spatial generative adversarial neural network[J]. Water Resources Research, 2018, 54(1): 381-406.

[9] Rawat W., Wang Z. Deep convolutional neural networks for image classification: A comprehensive review[J]. Neural Computation, 2017, 29(9): 2352-2449.

第三章 多模态进化优化反演求解方法

自动历史拟合是根据有限的动态观测数据调整油藏数值模型中的不确定性参数，不同的不确定性参数组合可能会导致相同的生产动态观测数据拟合效果，该现象称为反演的多解性。因此，自动历史拟合转化为最优化问题求解时往往具有多个局部或全局最优解，寻找到尽可能多的全局或局部最优解有助于揭示不确定性参数在后验概率空间中的分布，对后续基于拟合调整的油藏数值模型进行生产预测的不确定性量化、鲁棒优化、风险分析以及油藏管理决策尤为重要。本章介绍一种多模态进化优化算法作为自动历史拟合求解方法，多模态进化优化是一类针对具有多解性优化问题的启发式算法，多模态进化优化算法在保持种群多样性以及寻找到多个最优解方面具有显著优势，为自动历史拟合求解面临的多解性难题提供解决方案。

第一节 进化优化方法在自动历史拟合中的应用

进化优化方法是基于种群演化进行优化搜索，无需梯度信息，适用于复杂的黑箱优化问题或梯度难以求取的优化问题。进化优化具有全局性搜索、非线性随机、并行计算等特点，被广泛应用于科学研究和工程领域[1,2]。发展至今，进化优化领域形成了众多研究分支，例如多目标优化、多模态优化、多任务优化、大规模优化、数据驱动优化等。进化优化为科学和工程领域复杂优化问题提供了重要的解决手段，在自动历史拟合领域也被广泛研究和应用。

通常，自动历史拟合问题可以建模为单目标最优化问题，例如最小二乘目标函数、最大后验估计目标函数等。由于目标函数涉及复杂的油藏数值模拟计算，梯度难以获取，因此典型的单目标进化优化方法如遗传算法(GA)、粒子群优化(PSO)、差分进化算法(DE)、分布式估计算法(EDA)等被广泛研究和应用于自动历史拟合优化求解。GA 算法是基于达尔文进化论和自然遗传学提出的一类进化优化方法，通过种群内个体的竞争选择、优良个体的交叉以及子代的突变寻找最优解。Ballester 和 Carter[3] 在计算集群上应用实数编码的遗传算法进行油藏自动历史拟合研究，通过并行计算提升求解效率。Cheng 等[4] 基于哈萨克斯坦里海沿岸的 Tengiz 碳酸盐岩油田研究了使用遗传算法进行概率性自动历史拟合求解，并且提出了分阶段地筛选出敏感参数进行多阶段精细拟合。PSO 算法是基于鸟群觅食行为的规律性启发，通过构建种群间粒子信息共享引导搜索，是群体智能的一种实现。Mohamed 等[5]使用 PSO 优化方法对 Burgge 标准油藏测试模型进行自动历史拟合研究，验证粒子群优化方法处理大规模油藏历史拟合问题的能力。Lee 等[6]在一个具有 30 万网格的大规模油藏模型上研究 PSO 优化方法进行自动历史拟合求解，结果表明 PSO 与降维重构方法结合可以有效地更新油藏数值模型的不确定性参数。DE 算法是利用种群之间个体的差分信息进行优化搜索，具有参数空间自适应特性。2016 年，Santhosh 和 Sangwai[7]将 DE 算法与序贯二次规划方法结合进行自动历史拟合并使用近邻贝叶斯方法进行生产预测的不确定性量化，发现 DE 算法能够提供多样性采样。2019 年，Mitchell 和 Chassagne[8]将 DE 算法应用于北海 Harding South 油田四维地震自动历史拟合研究，DE 算法在经过 15 次迭代进化后趋于收敛。基于种群与概率模型的 EDA 算法也被应用于自动历史拟合求解[9]。EDA 算法使用概率模型取代了传统进化优化方法的交叉、变异等操作，通过种群的分布信息产生子代解。

另外，自动历史拟合问题也可以根据不同的拟合指标建模为多目标优化问题，例如单井拟合指标、井组拟合指标以及油田区块拟合指标等，因此可以使用进化优化领域的多目标优化方法进行求解。2011 年，Hajizadeh 等[10]将 DE 优化算法与帕累托排序结合构建了多目标的 DE 优化算法并用于自动历史拟合求解，在 PUNQ-S3 基准测试模型上与 DE 优化进行单目标历史拟合对比，多目标 DE 优化得到的后验模型在不同的拟合指标上都表现出了更小的拟合误差。2013 年，Christie 等[11]基于多目标 PSO 优化方法在一个含有近 100 口井和 10 多年生产历史的西伯利亚西部某中型油田进行实际油藏自动历史拟合研究，研究结果发现多目标历史拟合比单目标历史拟合在收敛速度与模型多样性上均表现出了明显优势。2017 年，Hutahaean 和 Christie 等[12]研究了多目标历史拟合目标分组问题，利用有限数量的初始解获得的冲突信息来对目标成分进行分组提升历史拟合求解效率。

大量已有研究表明使用进化优化方法进行自动历史拟合求解是可行的且能够应用于实际大规模油藏。然而，尽管常规的进化优化方法使用了基于种群的搜索模式，但它们的搜索目标是寻找单一最优解。这意味着它们在搜索过程中可能会找到多个解，但随着搜索的进行，达到收敛时往往不会保留大多数的解，并且由于遗传漂移种群逐渐收敛为单个最优解区域。针对多解性的优化问题，在进化优化领域发展出了多模态进化优化方法[13,14]，多模态进化优化的目的是在单次求解中寻找到多个全局最优解或局部最优解。寻找多个解有助于揭示问题的隐藏属性或关系，例如解在搜索空间中的分布，拥有多个质量相似的解能够为决策提供更多可供考虑的选项，也是鲁棒优化、敏感性分析、风险分析等必不可少的。另外保持种群多样性也有助于增加找到全局最优解的机会，种群的多样性的提升可以避免过早的局部收敛。多模态进化优化的核心方法是小生境技术，借鉴自生态学概念即自然界中存在多个不同物种，每个物种都占据着自然界中的不同资源称为生态位。基于小生境技术可以修改常规进化优化算法的搜索行为，在单个种群中形成多个簇或子种群保持算法搜索的多样性。典型的小生境技术有降阶、适合度共享、拥挤度方法、聚类方法等。常规的进化优化方法与小生境方法相结合可以被扩展为多模态进化优化方法用于求解多解性的优化问题。

第二节　多模态差分进化算法

自 Storn 和 Price[15] 提出差分进化算法(DE)以来，DE 算法及其变体在科学和工程领域中被广泛研究和应用。DE 算法是利用种群中随机抽取到的“个体(解)对”之间的差值对种群进行更新，这些随机抽取到的“个体对”能够反映优化目标函数空间的特征，能够自适应参数搜索空间，具有良好的稳定性和收敛性。

一、差分进化算法基础

与遗传算法、粒子群优化等常规进化优化方法类似，DE 优化算法包含了种群初始化、变异、交叉和选择等四种操作算子[16]。DE 算法搜索的基本单元是种群(多个解向量的集合)和个体(解向量)，表示如下：

$$P=(x_1,\ x_2,\ \cdots,\ x_{N_p}) \tag{3-1}$$

$$x_i=(x_{i,1},\ x_{i,2},\ \cdots,\ x_{i,D}) \tag{3-2}$$

式中，$P\in R^{N_p\times D}$表示种群；$x_i\in R^D$ 表示个体(解向量)；N_p 是种群大小即个体数量；D 是决策变量的维数。

一般地，种群的初始化有随机采样方法、迁移方法等。种群初始化之后，由变异操作算子生成父代个体 x_i(也称为基向量)对应的变异向量 v_i，以下列出了 DE 算法的三种典型变异算子：

(1) DE/rand/1：

$$v_i=x_{r_1}+F_i\cdot(x_{r_2}-x_{r_3}) \tag{3-3}$$

(2) DE/best/1：

$$v_i=x_b+F_i\cdot(x_{r_1}-x_{r_2}) \tag{3-4}$$

(3) DE/cur2best/1：

$$v_i=x_i+F_i\cdot(x_b-x_i)+F_i\cdot(x_{r_1}-x_{r_2}) \tag{3-5}$$

式中，x_b是当前种群中的最佳个体(对于最小化问题即目标函数值最小)；下标 r_1 和 r_2 是从 1 到 N_p中随机抽取的两个整数且 $r_1 \neq r_2 \neq i$；F_i表示缩放因子用于缩放随机抽取的个体对之间的差值，主要影响算法的搜索范围，F_i越大算法的搜索范围越大。

在获得变异向量之后，使用交叉操作算子形成当前种群中父代向量对应的子代向量 u_i(也称为实验向量)。常用的交叉操作算子有二项交叉、指数交叉等，本节主要使用二项交叉，如下所示：

$$u_{i,j}=\begin{cases}v_{i,j}, & \text{if rand}(0,\ 1)\leqslant CR_i \text{ or } j=jr\\ x_{i,j}, & \text{otherwise}\end{cases} \tag{3-6}$$

式中，j 表示解向量中的第 j 维决策变量；jr 表示从 1 到 D 之间选取的一个随机整数用于保证子代向量中至少有一个变量来源于变异向量；CR_i称为交叉概率，它控制子代向量从父代向量中获得直接继承的决策变量的比例，CR_i越大子代向量中来源于变异向量的信息越多，相应地，来源于父代向量的信息越少。

在获得子代解之后，使用基于配对的选择操作算子(Pair-wised selection)进行种群更新，即根据目标函数值从父代向量和对应的子代向量中选择更优的解到新的父代种群中。对于最小化问题，选择算子如下所示：

$$x_i=\begin{cases}u_i, & \text{if } f(u_i)<f(x_i)\\ x_i, & \text{otherwise}\end{cases} \tag{3-7}$$

式中，$f(\cdot)$表示目标函数。

DE 算法通过重复上述过程进行多次迭代更新种群，直至满足提取设定的算法停止条件，例如达到最大的目标函数评估次数、最大的迭代次数或者多次迭代中种群最佳目标函数值的变化小于某一临界值。

二、多模态的差分进化搜索策略

Epitropakis 等[17]对 DE 算法搜索过程的动态行为进行了研究，发现经过多次迭代种群中的解会逐渐聚集在搜索空间中不同的局部最优解或全局最优解附近。这表明 DE 算法具有良好的潜力解决多解性优化问题。受此启发，Epitropakis 等进一步开展研究并提出了一种基于进化搜索策略的小生境技术即 DE/nrand/1 变异策略，如下所示：

$$v_i^t=x_i^{NN}+F_i\times(x_{r1}-x_{r2}) \tag{3-8}$$

式中，x_i^{NN} 表示种群中距离父代个体 x_i最近的解，一般使用欧式距离作为度量。

可以看出，这种变异算子由与父代个体最近的解向量作为基向量并使用随机抽样得到的个体对之间的差值并进行修正。变异算子中，x_i^{NN} 吸引种群中的个体自发地聚集到不同的搜索区域，而第二部分扮演探索作用。

另外，已有研究表明使用多种 DE 变异操作算子构建混合搜索策略也能够解决多解性优化问题。一般而言，变异算子大致可以分为两种类型，一种是偏向于探索型，即促进解的多样性，如“DE/rand/1”算子；另外一种是偏向于挖潜型，即促进解的收敛性，如“DE/best/1”算子。因此可以通过两种类型变异算子的混合使用，达到搜索过程既保持多样性又具有好的收敛性。通过对种群中不同个体当前的搜索特征进行判断，比如有的个体还未曾达到收敛，需要增强探索性即使用第一种类型的变异算子，而有的个体可能已经处于某个局部或全局最优解附近，因此需要增强收敛性即使用第二种类型的变异算子。

第三节　多模态分布式估计算法

分布式估计算法(EDA)也是一类典型的基于种群的启发式算法[18]。不同于常规的遗传算法、差分进化算法等，EDA 算法不使用变异、交叉等操作算子进行种群更新，而是利用当前种群在搜索空间中的分布进行建模(估计)，并根据估计的分布，采样产生新的子代解。本节基于 Yang 等[19]关于多模态分布式估计进化优化的研究，简化并改进了一种多模态的 EDA 算法(MEDA)作为自动历史拟合的求解方法。MEDA 算法主要包括三种操作，即：动态拥挤度聚类划分子种群、子种群分布估计以及基于余弦距离的聚集选择。下面对三种操作进行详细介绍。

一、基于动态拥挤聚类划分子种群

拥挤度聚类是多模态进化优化方法中广泛使用的一种小生境策略，用于划分多个子种群，防止种群收敛到单一最优解，图 3-1 为拥挤聚类示意图。给定划分的子种群规模大小 M，拥挤聚类首先在搜索空间中随机采样一个解向量作为参考点，在当前种群中寻找距离参考点最近的点作为子种群的聚类中心，则得到包括聚类中心及距离聚类中心最近的 $M-1$ 个解的子种群，从种群中剔除寻找到的子种群，重复以上过程直至种群为空。

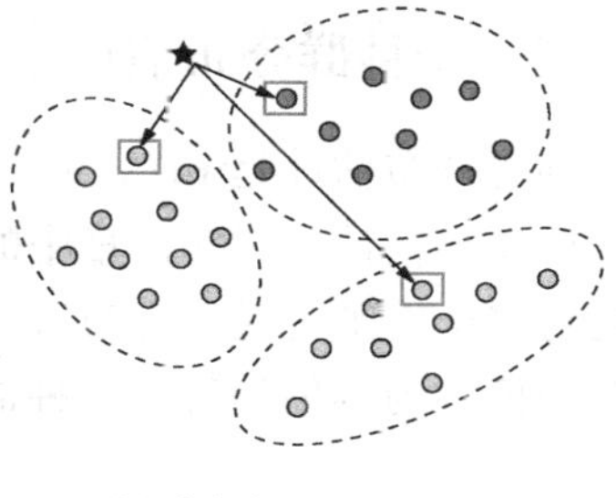

图 3-1　拥挤聚类示意图

表 3-1 给出了拥挤聚类算法伪代码，该聚类方法实现简单，因此被广泛应用于多模态进化优化研究。

表 3-1 拥挤聚类算法伪代码

算法 1 拥挤聚类
输入：种群 P，子种群规模 M
1. 在搜索空间中随机采样一个解向量作为参考点；
2. **while** P 不为空 **do**；
3. 从 P 中选择距离参考点最近的解向量作为聚类中心；
4. 组合聚类中心和距离最近的 $M-1$ 个解向量作为子种群；
5. 从当前种群 P 中剔除寻找到的子种群；
6. **end while**
输出：所有子种群

拥挤聚类中采用的距离指标一般是欧式距离：

$$dis(x_1,\ x_2) = \sqrt{\sum_{i=1}^{D} (x_{1,\ i} - x_{2,\ i})^2} \tag{3-9}$$

式中，dis 表示解向量 x_1 和 x_2 之间的距离；D 是解向量的维数。

拥挤度聚类需要给定聚类规模大小，而聚类规模往往与优化问题的全局或局部最优解的分布有关。然而对于复杂的优化问题而言，搜索空间的信息、最优解的个数都是未知的。事实上，对于聚类方法而言，确定聚类数目或聚类规模始终是一个难题。本文使用动态拥挤度聚类方法，即在优化过程每次迭代时，聚类规模从一个提前设定的范围内随机选取。该方法将确定聚类规模问题转变为确定聚类规模的范围，弱化了对优化问题信息需求的同时也能够增强搜索过程的稳健性。具体地，考虑种群数为 N_p，拥挤度聚类规模为 M，则当前迭代中，种群被划分为 M 个子种群 $\{SP_{i,i=1,\cdots,M}\}$，前 $M-1$ 个子种群的个体数为 $\lfloor N_p/M \rfloor$，第 M 个子种群的个体数为 $\lfloor N_p/M \rfloor + N_p\%M$。其中，$\lfloor \cdot \rfloor$ 表示向下取整操作，% 表示取余。一般地，M 的范围建议设置为 2~10，也可根据具体问题进行调整。

二、子种群分布估计

种群分布估计是 EDA 算法的核心，一般可以划分为单变量估计和多变量估计。单变量估计是对解向量中的每个决策向量的分布进行独立估计，多变量估计则是对多个决策变量的分布进行联合估计。以使用单变量估计方法并使用高斯分布概率模型为例估计每个子种群对应的高斯分布参数，如下式所示：

$$\mu_i^d = \frac{1}{M}\sum_{j=1}^{M} x_j^d \tag{3-10}$$

$$\sigma_i^d = \sqrt{\frac{1}{M}\sum_{j=1}^{M} (x_j^d - \mu_i^d)^2} \tag{3-11}$$

式中，μ_i 和 σ_i 分别为第 i 个子种群的估计均值和估计标准差；x_j^d 为第 i 个子种群中第 j 个体的第 d 维决策变量。

在估计子种群的均值和标准差之后，即可使用高斯分布概率模型生成对应的子代解，如下所示：

$$U_i = \text{Gaussian}(\mu_i, \ \sigma_i, \ N_i) \tag{3-12}$$

式中，U_i 表示生成的子代解集合；N_i 是生成的子代解的个数，一般地，N_i 与对应的子种群数相等。

三、基于余弦距离的拥挤选择

拥挤选择方法是多模态进化优化领域广泛应用的选择机制之一，它主要是根据距离指标选取与父代解向量最相似的子代解向量进行竞争，拥挤选择伪代码如表 3-2 所示。拥挤选择的原理是通过相似解向量之间进行比较和更新从而实现保持种群的多样性。在实际优化中，相似性的度量是难以确定的，一般采用距离指标方法。但是距离指标方法也存在一定的问题，尤其是高维向量的相似性度量是重要挑战。常用的距离指标有欧式距离、马氏距离、曼哈顿距离，使用不同的距离指标的选择效果也有明显不同。经过数值实验对比，选择使用余弦距离作为相似性度量指标。余弦距离是用搜索空间中两个解向量之间夹角的余弦值衡量两个个体向量间差异的大小，也等价于对解向量进行标准化之后的欧式距离，定义如下所示：

$$dis(x_1, \ x_2) = \frac{x_1 \cdot x_2}{\| x_1 \| \cdot \| x_2 \|} \tag{3-13}$$

多模态优化问题往往在搜索空间中存在多个不同的局部或全局最优解，余弦距离侧重于方向性差异，有利于选出与子代解向量相同或接近的最优解区域的父代解向量。

表 3-2　拥挤选择伪代码

算法 2 拥挤选择
输入：父代种群 P，子代种群 U
1. **For** 子代种群 U 中的每一个解向量 **do**；
2. 根据距离指标从 P 中选择与 u_i 最近的父代解向量 x_i；
3. 比较 u_i 和 x_i 的目标函数值，假如 u_i 的目标函数值更优于 x_i，则 u_i 替换 x_i 进入种群 P，否则不变；
4. **End For**
输出：更新后的父代种群 P

第四节　数值实验

本节通过两组数值实验在四个基准测试函数上对使用“DE/nrand/1”算子的多模态差分进化算法和 MEDA 算法的多解性搜索能力以及收敛性能进行验证和分析，并与自动历史拟合领域中被广泛应用的常规进化优化方法 GA、PSO、DE 等进行对比。

一、测试问题

如表 3-3 所示，使用四个多模态基准测试函数进行数值实验研究，表中列出了每个基准测试函数的特点。其中 Himmelblau 函数和 Modified Rastrigin 函数是具有多峰特性的二维优化问题，Ackley 函数和 Griewank 函数是可扩展到任意维度的高维多模态测试问题。二维的 Himmelblau 函数和 Modified Rastrigin 函数在参数空间中分布有多个全局最优解，实验中被用于验证算法的分布式收敛性能即寻找多个最优解的能力；Ackley 函数和 Griewank 函数在参数空间中存在唯一的全局最优解但是存在许多局部最优解且全局最优解附近存在大量接近的局部次优解，本实验中被用于对比验证算法的收敛性能。下面对四个测试函数进行详细描述。

表 3-3　四个基准测试函数的基本特点

基准测试函数	问题维数 D	全局/局部最优解的个数	全局最优目标值
Himmelblau	2	4/0	200
Modified Rastrigin	2	12/0	2
Ackley	30/50/100	1/多个	0
Griewank	30/50/100	1/多个	0

图 3-2(a)展示了 Himmelblau 函数的目标函数景观，可以看到在参数空间中存在 4 个全局最优解，它的数学定义如下所示：

$$f(x)=200-(x_1^2+x_2-11)^2-(x_1+x_2^2-7)^2 \tag{3-14}$$

式中，x_1 和 x_2 分别表示第一个和第二个维度的决策变量，搜索范围均为[-6, 6]。

图 3-2(b)展示了 Modified Rastrigin 函数的目标函数景观，可以看到在参数空间中存在 12 个全局最优解，它的数学定义如下所示：

$$f(x)=-20-9[\cos(6\pi x_1)+\cos(8\pi x_2)] \tag{3-15}$$

式中，x_1 和 x_2 分别表示第一个和第二个维度的决策变量，搜索范围均为[0, 1]。

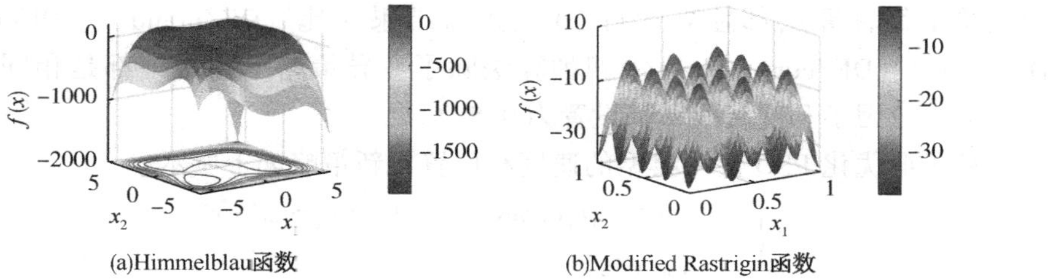

图 3-2 Himmelblau 函数和 Modified Rastrigin 函数的目标函数景观

图 3-3(a)描绘了二维参数空间中 Ackley 函数的目标函数景观，它具有唯一的全局最优解以及大量的局部最优解，数学定义如下所示：

$$f(x) = -20\exp\left(-0.2\sqrt{\frac{1}{D}\sum_{i=1}^{D}x_i^2}\right) - \exp\left[\frac{1}{D}\sum_{i=1}^{D}\cos(2\pi x_i)\right] + 20 + \exp(1) \tag{3-16}$$

式中，x_i 表示第 i 维决策变量，D 表示决策变量维度．所有维度上决策变量的搜索范围均为[−32.768，32.768]。

图 3-3(b)描绘了二维参数空间中全局最优解附近 Griewank 函数的目标函数景观，Griewank 函数具有唯一的全局最优解，但在全局最优解附近存在大量接近的次优解，数学定义如下所示：

$$f(x) = 1 + \sum_{i=1}^{D}\frac{x_i^2}{4000} - \prod_{i=1}^{D}\cos\left(\frac{x_i}{\sqrt{i}}\right) \tag{3-17}$$

式中，x_i 表示第 i 维决策变量，所有维度决策变量的搜索范围为[−600，600]。

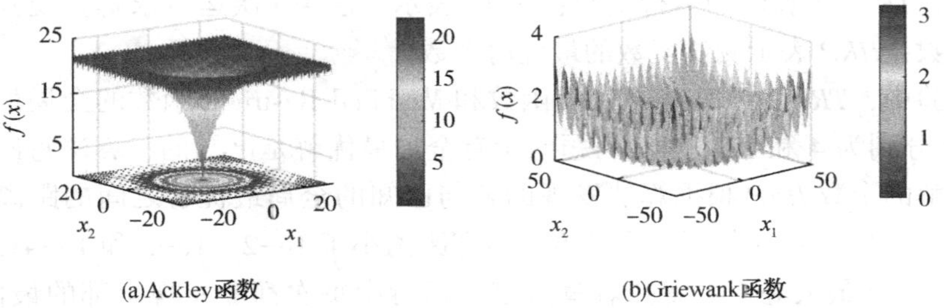

图 3-3 Ackley 函数和 Griewank 函数的目标函数景观

二、算法参数设置

为进行公平对比，数值实验中所有算法的终止条件设置为目标函数评估次数达到 10000 次。考虑到实验中使用的测试问题的决策变量维数包括了从 2 维到 100 维，种群大小设置均为 50。进化优化方法是基于种群的随机性搜索，因此数值实验中每种算法都独立运行 20 次进行结果对比。DE/nrand/1、DE/rand/1、DE/best/1、DE/cur-to-best/1 四种算法除了变异策略不同之外都是相同的，控制参数缩放因子和交叉概率都设置为 0.5。

粒子群优化 PSO 使用典型的速度和位置更新策略如下所示：

$$\begin{cases} v_i^{g+1}=\omega v_i^g+c_1r_1(pbest_i^g-x_i^g)+c_2r_2(gbest^g-x_i^g) \\ x_i^{g+1}=x_i^g+v_i^{g+1} \end{cases} \tag{3-18}$$

式中，v_i 和 x_i 表示种群中第 i 个粒子(解向量)的速度和位置；上标 g 表示迭代次数；ω 表示惯性权重；c_1 表示个体学习因子；c_2 表示群体学习因子；$pbest_i$ 表示第 i 个粒子搜索过程中发现的历史最优解；$gbest$ 表示全局最优解；r_1 和 r_2 是区间[0，1]内的随机数，增加搜索随机性。惯性权重、个体学习因子以及群体学习因子分别为 0.729、1.49 和 1.49。

遗传算法 GA 采用实值编码形式，选择、交叉、变异操作使用典型的轮赌盘选择、模拟二进制交叉以及单点变异，算法控制参数包括交叉概率和变异概率，分别为 0.9 和 0.1。

三、数值实验的结果和讨论

首先，基于 Himmelblau 函数和 Modified Rastrigin 函数研究算法发现多个解的能力，使用峰值比(PR)作为性能指标，定义如下所示：

$$PR=\frac{\sum_{i=1}^{TR}HFP_i}{HKP\cdot TR} \tag{3-19}$$

式中，TR 表示算法的运行次数；HFP_i 表示算法第 i 次运行求解发现到的最优解的个数；HKP 表示测试函数的最优解个数。

该实验中，$TR=20$，Himmelblau 函数和 Modified Rastrigin 函数的全局最优解个数 HKP 分别为 4 和 12。测试问题的所有全局最优解是已知的，算法每次运行发现最优解的个数 HFP_i 根据算法发现的解与已知的全局最优解之间的距离进行判断(解的精度)，本文使用三个精度等级即距离小于 1e-2、1e-3 和 1e-4。

峰值比 PR 最大等于 1 意味着算法多次运行中每次都能发现全部的最优解，最小等于 0 意味着算法在多次运行中没有一次能够收敛到任意一个最优解，PR 越接近 1 表示算法搜索到的最优解个数越多，求解多解性问题的能力越强。

表 3-4 和表 3-5 分别给出了 Himmelblau 函数和 Modified Rastrigin 函数上多模态进化算法 MEDA、DE/nrand/1 以及常规进化优化方法 DE/rand/1、DE/best/1、DE/cur-to-best/1、PSO、GA 等的 PR 结果。可以看到，对于 Himmelblau 函数，多模态进化优化方法 MEDA 和 DE/nrand/1 在全部运行中都能发现所有的全局最

优解，而 PSO 算法 *PR* 基本为 0.25，意味着只能收敛到一个全局最优解，遗传算法 GA 在精度等级为 1e-2 时能够发现一个最优解，而精度等级提高时发现最优解的比例下降，意味着 GA 的搜索精度略差于 PSO，这可能是因为使用了实值编码的形式。DE 算法的性能与变异算子有关，可以看到，DE/rand/1 的 *PR* 基本在 0.5 左右意味着能发现 2 个最优解，而 DE/best/1、DE/cur-to-best/1 的 *PR* 基本在 0.25 附近意味着只能发现一个最优解。PSO、DE/best/1、DE/cur-to-best/1 使用了种群中发现的全局最佳解引导种群演化，导致算法的种群最终是收敛到单一的最优解。

表 3-4　Himmelblau 函数上的 *PR* 结果

算法	精度等级		
	1e-2	1e-3	1e-4
MEDA	1	1	1
DE/nrand/1	1	1	1
DE/rand/1	0.5500	0.4625	0.4000
DE/best/1	0.2500	0.2500	0.2500
DE/cur-to-best/1	0.2625	0.2500	0.2500
PSO	0.2625	0.2500	0.2500
GA	0.2000	0.0250	0.0125

表 3-5 给出了 Modified Rastrigin 函数上的 *PR* 结果，该问题具有 12 个全局最优解且搜索区域小。*PR* 反映的基本规律与表 3-4 类似，但是值得注意的是 DE 算法。可以看到，在这个问题上，DE/rand/1 能够发现约 90%的全局最优解，性能好于 MEDA，MEDA 能发现 87%左右的解但是随着精度提升发现解的个数在下降。由于 DE 算法是对解向量进行变异、交叉操作，搜索更加精细。DE 算法不同的变异算子搜索特性也明显不同，因此也有研究使用组合多个变异算子进行探索性与收敛性平衡解决多解性难题。粒子群 PSO 算法的峰值比 *PR* 在精度低时为 0.2083，精度增加 *PR* 随之下降，表明 PSO 算法在多解性和收敛性上相比 DE 类型算法较差；而遗传算法 GA 表现最差。

表 3-5　Modified Rastrigin 函数上的 *PR* 结果

算法	精度等级		
	1e-2	1e-3	1e-4
MEDA	0.8708	0.7333	0.5750
DE/nrand/1	1	1	1
DE/rand/1	0.9708	0.9333	0.9208
DE/best/1	0.1542	0.1083	0.1042

续表

算法	精度等级		
	1e-2	1e-3	1e-4
DE/cur-to-best/1	0.4625	0.3250	0.2750
PSO	0.2083	0.1083	0.0875
GA	0.0833	0.0042	0.0042

图 3-4 和图 3-5 分别展示了各种算法在 Himmelblau 函数和 Modified Rastrigin 函数上的搜索表现。可以看到，多模态进化算法 MEDA 和 DE/nrand/1 搜索采集的解分布在参数空间中多个最优解及其附近，这样的搜索特性有利于解决自动历史拟合问题多解性难题。而常规进化优化方法如 PSO，采集到的解基本收敛在单一最优解及其附近。

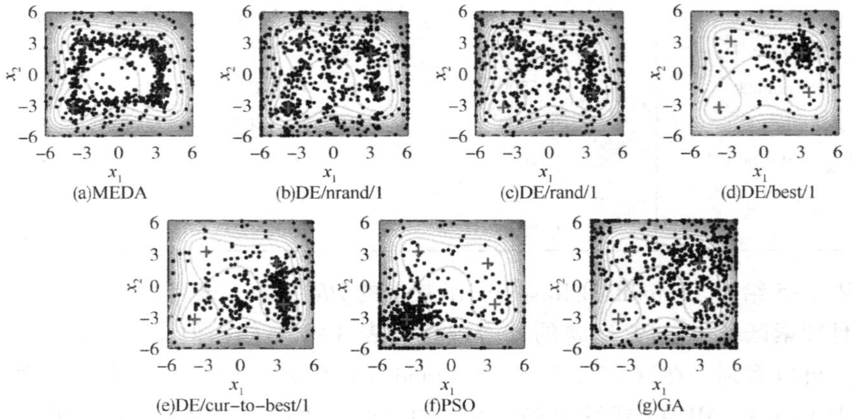

图 3-4 在 Himmelblau 测试函数上对比不同算法的收敛趋势

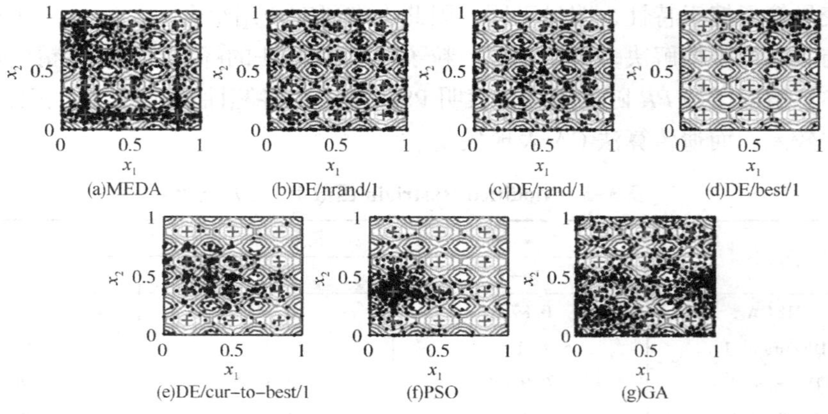

图 3-5 在 Modified Rastrigin 测试函数上对比不同算法的收敛趋势

基于 Ackley 函数和 Griewank 函数，对几种算法在高维多解性优化问题上进行收敛性能研究。图 3-6(a)和图 3-6(b)展示了 30D 和 100D 的 Ackley 函数测试结果，图 3-6(c)和图 3-6(d)展示了 30D 和 100D 的 Griewank 函数测试结果。可以看到，在这两个测试问题上 MEDA 算法收敛性最好，其次是 DE/best/1、DE/cur-to-best/1 算法，而 DE/nrand/1 的收敛性略好于 DE/rand/1。表明多模态的进化优化方法由于保持了良好的搜索多样性，不易陷入局部最优，对收敛性能也有促进作用。PSO 算法的收敛性能在低维上较好，但是随着维数增加收敛性能下降的程度比 DE 类型算法要大；在这两个测试问题上 GA 算法的收敛性比 PSO 和 DE 算法差。

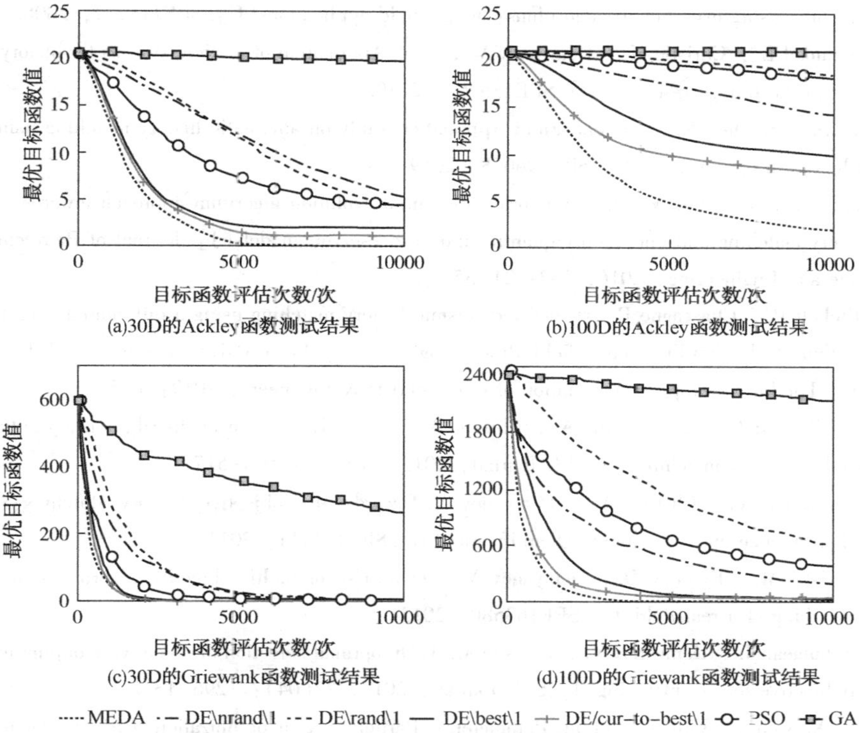

图 3-6　在高维多峰测试问题上不同算法的收敛性对比

总体而言，MEDA 算法和 DE 类型的算法在测试问题上表现出更好性能。考虑 DE 算法的精细搜索能力，DE 适合作为在线自动历史拟合求解方法的基础算法；而 MEDA 算法根据概率估计进行搜索适合作为离线自动历史拟合求解方法的基础算法。

参 考 文 献

[1] Elbes M., Alzubi S., Kanan T., et al. A survey on particle swarm optimization with emphasis on engineering and network applications[J]. Evolutionary Intelligence, 2019, 12(2): 113-129.

[2] Katoch S., Chauhan S. S., Kumar V. A review on genetic algorithm: past, present, and future [J]. Multimedia Tools and Applications, 2021, 80(5): 8091-8126.

[3] Ballester P. J., Carter J. N. A parallel real-coded genetic algorithm for history matching and its application to a real petroleum reservoir [J]. Journal of Petroleum Science and Engineering, 2007, 59(3): 157-168.

[4] Cheng H., Dehghani K., Billiter T. C. A Structured approach for probabilistic-assisted history matching using evolutionary algorithms: tengiz field applications[C]. SPE116212, 2008.

[5] Mohamed L., Christie M., Demyanov V., et al. Application of particle swarms for history matching in the brugge reservoir[C]. SPE135264, 2010.

[6] Lee S., Stephen K., Dunbar. Field Application study on automatic history matching using particle swarm optimization[C]. SPE196678, 2019.

[7] Santhosh E. C., Sangwai J. S. A hybrid differential evolution algorithm approach towards assisted history matching and uncertainty quantification for reservoir models[J]. Journal of Petroleum Science and Engineering, 2016, 142: 21-35.

[8] Mitchell P., Chassagne R. 4D Assisted seismic history matching using a differential evolution algorithm at the harding south field. Proceedings of the 81st EAGE Conference and Exhibition [C]. London: European Association of Geoscientists & Engineers, 2019: 1-5.

[9] Abdollahzadeh A., Reynolds A., Christie M., et al. Estimation of distribution algorithms applied to history matching[J]. SPE Journal, 2013, 18(03): 508-517.

[10] Hajizadeh Y., Christie M., Demyanov V. Towards Multiobjective History Matching: Faster Convergence and Uncertainty Quantification[C]. SPE141111, 2011.

[11] Christie M., Eydinov D., Demyanov V., et al. Use of multi-objective algorithms in history matching of a real field[C]. SPE163580, 2013.

[12] Hutahaean J., Demyanov V., Christie M. A. On optimal selection of objective grouping for multiobjective history matching[J]. SPE Journal, 2017, 22(04): 1296-1312.

[13] Li X. Niching Without Niching Parameters: Particle swarm optimization using a ring topology [J]. IEEE Transactions on Evolutionary Computation, 2010, 14(1): 150-169.

[14] Li X., Epitropakis M. G., Deb K., et al. Seeking multiple solutions: an updated survey on niching methods and their applications [J]. IEEE Transactions on Evolutionary Computation, 2017, 21(4): 518-538.

[15] Storn R., Price K. Differential Evolution-A simple and efficient heuristic for global optimization over continuous spaces[J]. Journal of Global Optimization, 1997, 11(4): 341-359.

[16] Das S., Mullick S. S., Suganthan P. N. Recent advances in differential evolution - An updated

survey[J]. Swarm and Evolutionary Computation, 2016, 27: 1-30.

[17] Epitropakis M. G., Tasoulis D. K., Pavlidis N. G., et al. Enhancing differential evolution utilizing proximity-based mutation operators[J]. IEEE Transactions on Evolutionary Computation, 2011, 15(1): 99-119.

[18] Hauschild M., Pelikan M. An introduction and survey of estimation of distribution algorithms [J]. Swarm and Evolutionary Computation, 2011, 1(3): 111-128.

[19] Yang Q., Chen W. N., Li Y., et al. Multimodal estimation of distribution algorithms[J]. IEEE Transactions on Cybernetics, 2017, 47(3): 636-650.

第四章　代理辅助多模态差分进化在线拟合求解方法

尽管多模态进化优化方法能够有效解决多解性优化问题，然而多模态进化优化是基于种群的启发式搜索方法，达到收敛需要大量的目标函数评估。自动历史拟合目标函数的评估需要运行计算耗时的油藏数值模拟，通常单次油藏数值模拟计算时间可达数分钟乃至数小时。为解决多模态进化优化算法拟合求解收敛慢、计算耗时的难题，本章从提升算法收敛性的角度，介绍了一种具有自适应参数控制的代理辅助多模态差分进化算法(DNDE-APC)，用于自动历史拟合求解，该算法以多模态差分进化算法作为基础框架，融合聚类方法、局部代理辅助方法以及控制参数自适应策略，平衡算法的探索性与收敛性，实现自动历史拟合建模快速准确的目的。在二维非均质水驱油藏实例中，DNDE-APC 算法与卷积变分自动编码器参数化方法协同，进行降维自动历史拟合求解，通过分析生产数据的拟合与预测效果、反演参数的后验分布，验证 DNDE-APC 算法用于自动历史拟合求解能够有效解决反演多解性，生产预测结果更稳健可靠。

第一节　多模态进化优化方法的收敛特性

多模态进化优化方法的目标是寻求多个全局最优或局部最优解，迭代求解往往需要大量的目标函数评估，直接使用多模态进化优化方法进行自动历史拟合求解的计算耗时是难以承受的。在进化优化理论研究领域，已有研究表明，搜索机制对多模态进化优化方法的性能影响显著。Li[1]对粒子群优化方法进行研究，验证了使用环形拓扑的搜索方法可以有效解决多解性问题，相比于常规 PSO 基于全局最佳解使用全连接拓扑引导搜索，环形拓扑的搜索模式是基于种群拓扑结构(粒子的排列位置)中相邻的粒子构建局部邻域并使用局部最优信息引导搜索。在此研究基础上，Qu 等[2]进一步提出了基于距离的局部信息 PSO 优化算法，使用欧氏距离指标选取种群中距离粒子最近的若干个解根据加权平均构造局部最优向量，取代全局最优解引导粒子群优化。Wang 等[3]提出了基于仿射聚类的双策略差分进化算法用于多峰优化问题，算法搜索中使用 DE/best/1 和 DE/cur2rand/1 两种变异策略协同进行搜索，其中 DE/cur2rand/1 用于探索多个最优解的分布，而 DE/best/1 用于提升收敛性和求解精度，并且 DE/best/1 使用局部最优信息作为引导。

另外，代理辅助进化优化方法也被研究提升算法收敛性以解决计算耗时问题。Jin 等[4]使用浅层人工神经网络建立代理模型辅助进化策略进行搜索，在搜索过程中目标函数与代理模型之间交替使用。Li 等[5]提出了一种基于径向基函数模型的代理辅助 PSO 算法，该算法使用局部代理对搜索空间中有潜力的子区域进行建模。Chen 等[6]使用高斯过程模型作为局部代理模型构建了一种代理辅助的差分进化算法，每次迭代代理模型从子代解决方案中筛选出潜在最佳解使用目标函数进行评估。Wang 等[7]构建全局代理和局部代理模型协同辅助差分进化优化方法解决具有复杂不等式约束的昂贵优化问题。

已有研究表明代理辅助进化优化能够显著提升收敛性，但大都是针对寻找单一最优解优化问题提出的，使用代理模型辅助多模态进化优化算法的相关研究较少。多模态进化优化的搜索过程需要关注搜索空间中潜在的多个最优区域，因此使用代理模型辅助优化加速收敛性的同时需要避免破坏种群多样性，相比代理辅助加速常规单一最优解优化问题更具挑战性。

第二节 代理模型

代理模型是对优化问题的目标函数构建数学近似模型，通过对优化参数与优化目标函数之间的映射关系进行学习，可以达到较高的近似精度，被广泛应用于辅助进化优化提高收敛性。通常，代理模型分为全局代理模型和局部代理模型，全局代理模型即对目标函数的全部可行域进行近似建模，局部代理模型是对目标函数的部分可行域进行近似建模。全局代理模型通常由于样本较少精度较低，但是能够对目标函数的整体分布特征或变化趋势进行较好的预测；局部代理模型对目标函数的局部区域进行近似，精度较高，可以指导优化搜索方向。

插值形式的径向基函数(RBF)模型场被广泛应用于代理辅助优化方法的代理模型构建。大量已有研究以及实践表明，RBF 模型可以为分布较差的高维数据(数据样本稀少或分布不均匀)提供很好的插值，在航空学、气象学和医学成像等领域都有广泛的应用。另外，相比于高斯过程、人工神经网络模型等需要迭代训练超参数，RBF 模型的超参数可以通过解析方法进行求解。

假设 $f(x)$ 是一个实值函数，给定输入数据集 $X=\{x_i \mid i=1, \cdots, N\}$ 和对应的函数输出数据集 $Y=\{f(x_i) \mid i=1, \cdots, N\}$，则可以利用插值形式的 RBF 模型构建 $h(x)$ 对 $f(x)$ 进行代理近似：

$$h(x) = \sum_{i=1}^{N} \omega_i \phi(\| x - x_i \|) \tag{4-1}$$

式中，N 是样本数量；ω_i 是权重系数；$\phi(\cdot)$ 是基函数；$\|\cdot\|$ 表示欧式距离。

RBF 模型中最常用的基函数有立方函数 $\phi(r)=r^3$、高斯函数 $\phi(r)=\exp(-r^2)$、多二次函数 $\phi(r)=\sqrt{1+r^2}$、逆多二次函数 $\phi(r)=1/(1+r^2)$ 以及薄板样条 $\phi(r)=r^2\ln(r)$ 等。图 4-1 展示了五种常用的基函数的曲线形状。

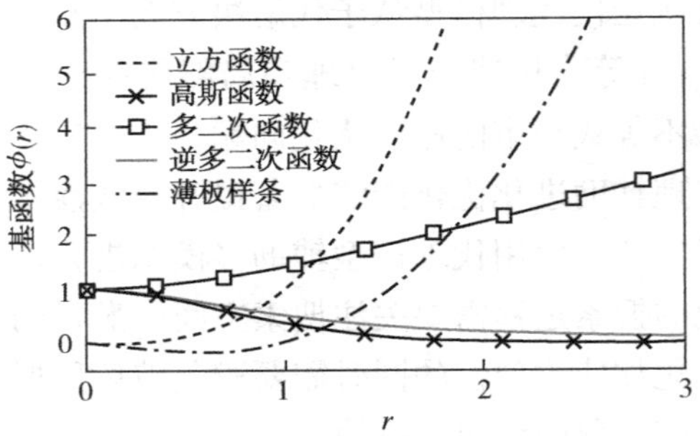

图 4-1　径向基函数模型的五种常用基函数示意图

式(4-1)中的权重系数是 RBF 模型的超参数，可以通过求解样本点插值形式构建的线性方程计算获得，如下所示：

$$\sum_{i=1}^{N} \omega_i \phi(\| x_k - x_i \|) = f(x_k) \tag{4-2}$$

式(4-2)可以写成矩阵形式，如下所示：

$$\boldsymbol{\Phi} \begin{pmatrix} \omega_1 \\ \omega_2 \\ \vdots \\ \omega_N \end{pmatrix} = \begin{pmatrix} f(x_1) \\ f(x_2) \\ \vdots \\ f(x_N) \end{pmatrix} \tag{4-3}$$

式中，$\boldsymbol{\Phi}$ 是插值矩阵，定义如下：

$$\boldsymbol{\Phi} = \begin{pmatrix} \phi(\| x_1 - x_1 \|) & \phi(\| x_1 - x_2 \|) & \cdots & \phi(\| x_1 - x_N \|) \\ \phi(\| x_2 - x_1 \|) & \phi(\| x_2 - x_2 \|) & \cdots & \phi(\| x_2 - x_N \|) \\ \vdots & \vdots & \ddots & \vdots \\ \phi(\| x_N - x_1 \|) & \phi(\| x_N - x_2 \|) & \cdots & \phi(\| x_N - x_N \|) \end{pmatrix} \tag{4-4}$$

当基函数为高斯函数和多二次函数时，插值矩阵 $\boldsymbol{\Phi}$ 是非奇异矩阵，因此方程(4-3)有唯一解。然而，当基函数为立方函数或者薄板样条函数时，$\boldsymbol{\Phi}$ 可能成为奇异矩阵。避免这种问题的简单做法是给插值模型(4-1)右侧引入低阶多项式进行插值约束。方程(4-3)可以通过广义逆求解，如下所示：

$$\begin{pmatrix} \omega_1 \\ \omega_2 \\ \vdots \\ \omega_N \end{pmatrix} = (\Phi^T\Phi)-1\Phi^T \begin{pmatrix} f(x_1) \\ f(x_2) \\ \vdots \\ f(x_N) \end{pmatrix} \tag{4-5}$$

式中，Φ^T 表示 Φ 的转置矩阵。

RBF 模型使用数据样本点对函数 $f(x)$ 进行近似代理建模，根据数据样本的分布情况可以构建为局部代理模型或全局代理模型。一般地，假设数据样本是从 $f(x)$ 的全部搜索区域内采样得到的，构建的代理模型称之为全局代理；反之，数据样本是从 $f(x)$ 搜索区域的局部区域采样得到的，构建的代理模型称之为局部代理。

第三节　局部代理辅助的多模态差分进化算法

自动历史拟合涉及代价高昂的油藏数值模拟计算，为提高优化求解效率，本节介绍一种具有自适应参数控制的局部代理辅助的多模态差分进化算法——DNDE-APC。该算法从三方面加速多模态差分进化算法的收敛性：(1)利用迭代过程中发现的局部最佳信息引导种群搜索；(2)随机选取种群中的个体使用局部代理模型进行细化调整，加速收敛同时避免对多样性的破坏；(3)算法参数自适应控制，随着迭代自适应地调整算法的控制参数即缩放因子和交叉概率。

DNDE-APC 算法在多模态差分进化 DE/nrand/1 的基础上，融合了局部最佳个体信息、局部代理辅助搜索以及控制参数自适应策略，算法流程如图 4-2 所示。在初始化数据集和初始种群之后，该算法首先采用基于 DE/nrand/1 改进的变异策略 DE/lbest-to-nrand/1 和局部代理辅助细化搜索两种方法对当前种群中的个体(解向量)进行更新。不同于 DE/nrand/1 只利用了局部邻近信息，DE/lbest-to-nrand/1 变异策略引入局部最优信息和空间邻近信息协同生成变异向量。考虑到目标函数的参数空间和峰值分布是未知的，难以准确定位局部最优解，DNDE-APC 算法使用 K 均值聚类与贝叶斯信息准则(BIC)进行搜索空间的局部划分。在获得更新种群之后对种群中所有的解向量运行数值模拟计算目标函数，然后基于匹配选择机制进行种群的子代解和父代解的竞争更新。图 4-2 中 *DB* 表示算法在搜索过程中收集的数据集(包括使用数值模拟评估过的解向量及其对应的目标函数值)，数据集可以用于构建局部代理模型和 K 均值聚类。

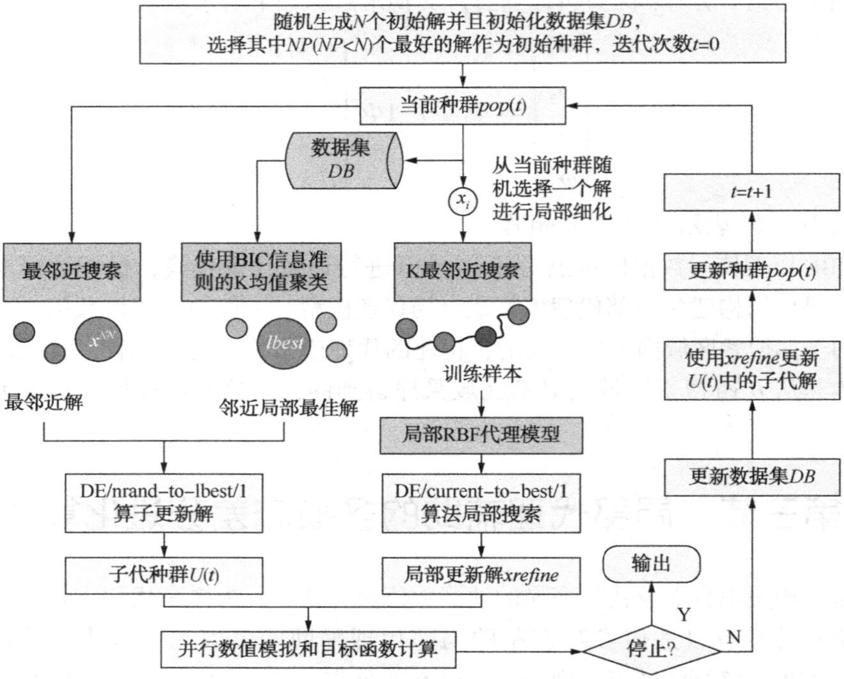

图 4-2　局部代理辅助的多模态差分进化算法流程图

一、局部最优信息和空间邻近信息引导的变异策略

Epitropakis 等[8]对差分进化搜索的动态行为进行分析提出了 DE/nrand/1 变异策略，形成的差分进化算法称之为多模态差分进化算法，用于解决多解性优化问题。第三章的数值实验验证了 DE/nrand/1 变异算子有助于保持种群的多样性和发现多个的局部最优或全局最优解，但是收敛性存在不足。自动历史拟合问题涉及计算耗时的油藏数值模拟，提高算法的收敛性十分重要。为提高变异算子的收敛性的同时保持良好的多解搜索能力，DE/lbest-to-nrand/1 变异算子引入局部最优信息对 DE/nrand/1 进行改进。利用搜索过程中已发现的最佳个体引导种群搜索能够显著地提升算法的收敛性，但使用全局最佳个体会导致算法收敛到单一的最优解区域，因此 DE/lbest-to-nrand/1 变异算子使用局部最优信息，即使用搜索过程中发现的多个不同区域的最佳解向量引导变异算子，如下所示：

$$v_i = x_i^{NN} + F_i \times (x_i^{lbest} - x_i^{NN}) + F_i \times (x_{r_1} - x_{r_2}) \tag{4-6}$$

式中，v_i 表示变异向量；x_i^{NN} 是当前种群中距离 x_i 最近的解向量；x_i^{lbest} 表示当前种群中 x_i 所在局部区域的最佳个体；x_{r_1} 和 x_{r_2} 是当前种群中随机采样到的两个不相同的个体，其中 $r_1 \neq r_2 \neq i$；F_i 是缩放因子。

图 4-3 展示了 DE/lbest-to-nrand/1 变异算子的示意图，图中有三个不同的最优解区域。可以看出，使用最邻近解信息，使得变异解不会偏离当前个体所在的最优解区域。另外，由于使用了局部最优信息的引导，DE/lbest-to-nrand/1 产生的变异向量相比于 DE/nrand/1 更接近最优解。而随机抽取的个体对的作用是增强变异算子的探索能力，避免早熟。利用最近邻的解和局部最优解能够引导种群中的个体探索和开发不同的潜在优化区域，实现快速寻找到搜索空间中的多个最优解。

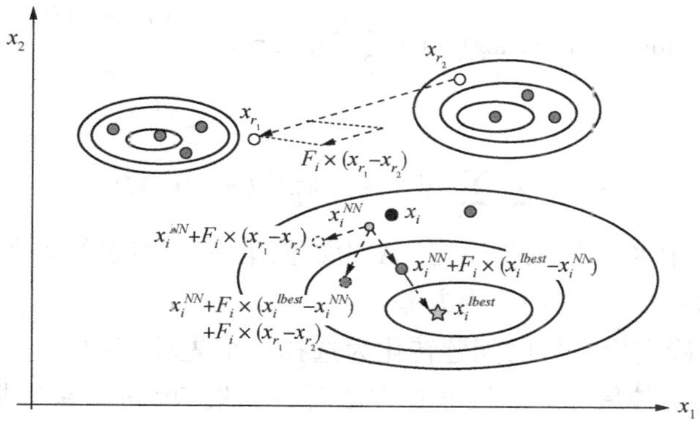

图 4-3　DE/lbest-to-nrand/1 变异算子的示意图

二、基于 K 均值聚类的变异算子

在 DE/lbest-to-nrand/1 中使用局部最佳个体能够加速收敛，但是目标函数的参数空间分布是未知的，如何有效地找到局部最优解是需要解决的重要问题。DNDE-APC 算法使用 K 均值聚类方法，根据个体(解向量)的空间位置划分不同的局部区域。与传统多模态进化优化方法对种群进行聚类不同，DNDE-APC 算法使用优化过程中收集到的数据集 *DB* 进行 K 均值聚类，避免了对种群大小的依赖，使得聚类划分结果更具鲁棒性。K 均值聚类是科学和工程领域应用最为广泛的聚类算法之一，在许多问题中都得到了有效的应用。K 均值聚类是一种自监督学习方法，它能够根据数据样本的分布将数据划分为多个不同的簇(类)。一般地，K 均值聚类算法的计算过程如下：

（1）选择初始聚类中心，例如从数据集中随机选择 k 个数据样本点；

（2）每个样本点被归类到最近的聚类中心(称为类中心的组成样本)；

（3）每个聚类中心重新被更新为其组成样本的平均值；

（4）重复步骤(2)、(3)，直到达到最大迭代次数或类间差异最大。

上述方法的聚类结果对初始聚类中心的选择比较敏感，David 和 Sergei[9] 提出了使用启发式方法寻找初始聚类中心的 K 均值++算法，最终聚类质量更高且收敛速度更快。在 K 均值++算法中，首先需要随机初始化聚类中心，然后通过迭代更新聚类中心。唯一需要提前确定的参数就是聚类数目。聚类数目的确定是聚类研究领域的热点和难点问题，许多聚类方法将聚类数转化为其他易于确定的值。其中，贝叶斯信息准则（BIC）方法[10] 是最常用的方法之一，它使用分类似然函数对聚类数进行估计：

$$B(M|X) = \frac{1}{\sigma^2}\sum_{i=1}^{kc}\left[n_{kc}\log(n_{kc})-n_{kc}\log(n)-\frac{n_{kc}D}{2}\log(2\pi\sigma^2)-\frac{(n_{kc}-1)D}{2}\right]-kc(D+1)\log(n) \tag{4-7}$$

$$\sigma^2 = \sum_{i=1}^{kc}\sum_{x\in S_j}\|x-c_j\|_2^2/[(n-kc)D] \tag{4-8}$$

式中，M 表示 K 均值聚类模型；X 为数据集；D 为决策变量维数；n 为数据集中的样本个数；σ^2 为平均簇内方差。

BIC 方法将确定聚类数的问题转化为选择一个先验范围，并将使得 BIC 值最大的聚类数作为最佳聚类数。用 BIC 方法对数据集 DB 进行聚类划分后，可以找到每个分类的最优解，如下所示：

$$x_{\text{lbest}}^{j} = \min_{x\in S_j} f(x),\ j=1,\ 2,\ \cdots,\ kc \tag{4-9}$$

根据欧式距离指标，每类的最优解分配给当前种群中的个体作为相应的局部最佳个体，如下所示：

$$x_i^{t,\text{lbest}} = \min_{j=1,\cdots,kc}\|x_i^t - x_{\text{lbest}}^j\|_2^2 \tag{4-10}$$

实验研究表明，在整个优化过程中对聚类个数进行估计会影响算法的收敛性能，聚类数的频繁变化会破坏搜索过程的稳定性。因此，DNDE-APC 算法中建议将搜索过程划分为前后两阶段，即函数评估次数达到 *KFEs* 次时为搜索的前半部分，在搜索的前半部分进行 BIC 估计聚类数，在搜索的后半部分使用前半部分最终估计的聚类数。

三、参数自适应控制策略

基于 DE/lbest-to-nrand/1 变异算子生成变异向量后，利用常规的二项交叉操作算子形成子代解。在差分进化的种群迭代更新中，缩放因子和交叉概率是影响种群收敛的两个最关键控制参数，其中缩放因子影响算法的搜索范围，交叉概率影响父代解的继承和变异解的传递。在差分进化算法研究领域，已有许多学者对这两个关键控制参数的自适应方法展开研究。DNDE-APC 算法使用 Zhang 等[11]提出的自适应机制对缩放因子和交叉概率进行控制。

在第 t 次迭代，对种群中每个个体 x_i，从位置参数 μ_F^t 和尺度参数为 0.1 的柯西分布中独立随机取样生成缩放因子 $F_i = \text{Cauchy}(\mu_F^t, 0.1)$，并且如果生成的缩放因子大于 1(或小于 0)则截断为 1(或截断为 0)。柯西分布中的位置参数 μ_F^t 随算法迭代进行更新，即收集第 t 次迭代种群中所有在选择过程中子代解优于父代解(称为成功个体)对应的缩放因子，记为 S_F，用于计算更新 $t+1$ 次迭代的未知参数：

$$\mu_F^{t+1} = (1-\lambda) \cdot \mu_F^t + \lambda \cdot mean_L(S_F) \tag{4-11}$$

式中，λ 是一个设为 0.1 的常数；$mean_L$ 是 Lehmer 均值：

$$mean_L(S_F) = \frac{\sum_{F \in S_F} F^2}{\sum_{F \in S_F} F} \tag{4-12}$$

在初始迭代时，μ_F^t 初始化为 0.5，其后缩放因子的均值会逐代进行更新。对于交叉概率，在第 t 次迭代时，种群中每个个体的交叉概率从均值为 μ_{CR}^t 和标准差为 0.1 的正态分布中独立取样 $CR_i^t = \text{Gaussian}(\mu_{CR}^t, 0.1)$，它被截断到[0, 1]之间。为了自适应地更新均值，收集第 t 次迭代所有成功个体对应的交叉概率 S_{CR}，并计算：

$$\mu_{CR}^{(t+1)} = (1-\lambda) \cdot \mu_{CR}^{(t)} + \lambda mean_A(S_{CR}) \tag{4-13}$$

式中，λ 是一个设为 0.1 的常数；$mean_A$ 是算术平均值。

同样，平均值 μ_{CR}^t 被初始化为 0.5，其后交叉概率的均值会根据种群搜索情况逐代进行更新。

四、基于局部代理的细化搜索

局部代理模型是围绕某个解向量选取数据样本点构建精细的代理模型，被广泛应用于代理辅助优化方法。采用局部代理模型进行细化搜索，能够显著提升算法的收敛性的同时有利于提高求解精度。但是值得注意的是，对于常规寻找单一最优解优化，局部代理模型往往是围绕当前种群发现的全局最佳解向量进行构建，并对全局最佳解进行细化搜索。然而，多模态优化的目的在于寻找多个最优解，持续地围绕全局最佳解进行局部细化会破坏种群的多样性。多模态优化搜索的目的在于能够找到尽可能多的不同的最优解区域并希望能够快速收敛到不同的最优解。因此，DNDE-APC 算法从当前种群中随机选择一个个体构建局部代理模型进行精细化搜索。由于是在当前种群中随机选择的个体上执行细化搜索，种群中每个个体获得细化提升的机会相等，从而避免了对种群多样性的破坏。

具体地，从当前种群中随机选择一个个体 x_i，从数据集 DB 中选择距离 x_i 最近的 N_s 个数据样本点，基于插值形式的 RBF 模型构建局部代理模型 $h(x)$，如式(4-2)所示，并且使用了立方函数作为基函数。然后使用具有 DE/current-to-best/1 变异算子的差分进化优化器对 $h(x)$ 进行优化搜索，如下所示：

$$\begin{aligned} &\min h(x) \\ &\text{s. t. } x_j^l < x_j < x_j^u \end{aligned} \tag{4-14}$$

式中，x_j^l 和 x_j^u 是根据选择的 N_s 个数据样本点确定的变量 x 的第 j 维的下边界和上边界。

在局部细化搜索中，原优化问题 $f(x)$ 是通过局部代理模型 $h(x)$ 进行近似，并从包含 x_i 的随机初始化种群进行优化搜索。其中，DE/current-to-best/1 算法的参数包括迭代次数、种群大小、变异因子和交叉因子，DNDE-APC 算法中采用典型设置，即 50、0.5 和 0.5。另外，局部代理建模时数据样本点的个数 N_s 建议根据优化问题待优化变量的维数进行设置。

五、数据集的更新、管理和解的选择机制

DNDE-APC 算法保留了进化优化算法的并行特点，将局部代理辅助的细化搜索与种群变异交叉更新同时进行。这与大部分代理辅助进化优化算法不同，它们是在种群更新迭代之间，进行额外的局部代理辅助细化，这能更好地增加收敛性但是破坏了算法的并行特性以及增加了算法的迭代次数。对于昂贵的工程问题，并行数值模拟可以显著减少计算时间。在每次并行模拟评估更新的解向量之后需要对数据集进行更新和管理。数据驱动的进化优化方法与传统进化优化的本质区别在于收集和利用了优化过程产生的数据，实现算法求解效率的提升。在数值模拟和评估之后，所有评估的新解都被添加到数据集 DB 中(消除重复的解决方案)。

种群的更新是通过两次选择来实现的。第一个选择是将局部代理模型细化搜索得到的解 x_i^{new} 与其局部代理时随机选取的解 x_i 对应的 u_i 进行比较：

$$u_i = \begin{cases} x_i^{\text{new}}, & \text{if } f(x_i^{\text{new}}) < f(u_i) \\ u_i, & \text{otherwise} \end{cases} \tag{4-15}$$

第二个选择是子代种群的解 u_i 和父代种群的解 x_i 之间根据配对选择更新，如式(4-16)所示：

$$x_i = \begin{cases} u_i, & \text{if } f(u_i) < f(x_i) \\ x_i, & \text{otherwise} \end{cases} \tag{4-16}$$

六、提出算法的关键参数

DNDE-APC 算法中有四个关键参数需要进行确定：数据集初始化样本数量 N，种群大小 $N_p(N_p \leq N)$，停止 BIC 估计聚类数时的评估次数 $KFEs$，K 均值聚类的范围。另外，算法的停止准则为目标函数评估次数到达最大值 $MaxFEs$。一般地，K 均值聚类的聚类数范围建议取[2，10]。

第四节　数值实验

本节对局部代理辅助多模态进化算法 DNDE-APC 的有效性进行数值实验验证，包括以下四个数值实验：(1)验证算法对于多峰反问题的采样能力；(2)验证算法在低维多解性问题的分布式收敛能力(发现多个最优解)；(3)验证算法在高维多峰优化问题的收敛性；(4)DNDE-APC 算法和卷积变分自编码器结合形成自动历史拟合求解流程，并应用于二维非均质水驱油藏模型进行自动历史拟合反演求解。

一、多峰采样问题

通过一维非线性多峰测试反演问题验证提出的 DNDE-APC 算法的采样能力，对比算法包括全局分布式高斯牛顿随机最大似然方法(Global-DGN+RML，Chen 等)、局部分布式高斯牛顿随机最大似然方法(Local-DGN+RML，Gao 等)以及多次迭代的集合光滑算法(ES-MDA，Emerick 等)。其中 Global-DGN+RML、Local-DGN+RML 和 ES-MDA 在该问题上的计算结果采用自 Chen 等文章中的数据。为公平比较，实验中目标函数评估次数设置为 16000(与 Chen 等实验采用相同的评估次数)。DNDE-APC 算法的初始数据样本数 N、种群大小 N_p 以及 $KFEs$ 设置为 100、50 和 1000。

该一维非线性多峰测试反演问题在 j 时刻的非线性响应 $y_j(m)$ 为：

$$y_j(m)=j+10(m-1.5)[m-(2+0.04j)]\{m-[2.5+0.015(3-j)]\} \tag{4-17}$$

式中，m 表示反演参数；j 表示时间；y_j 表示模拟数据。

在该问题中，反演参数的真实值为 $m=1.5$，观测数据是在 $j=1$，2，3 三个时间计算的 y_j 基础上添加高斯随机噪声 $N(0,\ 0.0025)$ 得到的。反演参数 m 的先验概率分布同样设置为高斯分布 $N(2.1,\ 0.2)$。对于这个简单的问题，反演参数的后验概率分布有三个峰值(1 个全局最优解和 2 个局部最优解)，分别是 1.507、2.062 和 2.525。图 4-4 为该问题反演参数的先验分布和后验分布。

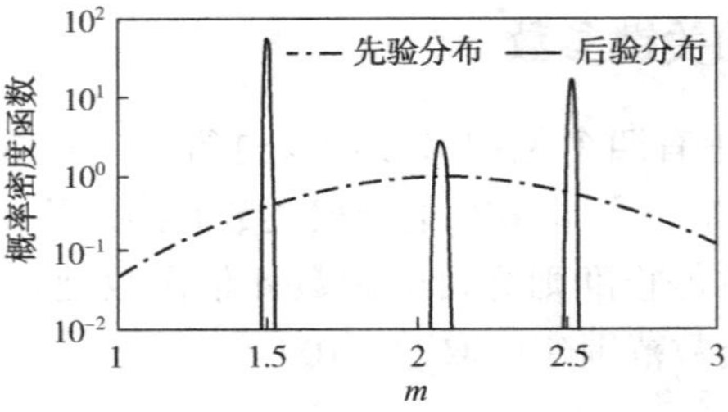

图 4-4　多峰采样测试问题不确定性参数的先验分布和后验分布

该问题可以根据第二章的贝叶斯概率推理构建目标函数，转化为最小化问题，使用优化方法进行求解：

$$O(m)=\frac{1}{2}(m-2.1)^2\times 0.2+\frac{1}{2}[y(m)-d_{\text{obs}}]^T C_{\text{D}}^{-1}[y(m)-d_{\text{obs}}] \qquad (4-18)$$

式中，$O(m)$为目标函数；$y(m)=[y_1(m),\ y_2(m),\ y_3(m)]$是反演参数 m 对应的模拟数据，d_{obs}是 $m=1.5$ 时生成的观测数据；$C_{\text{D}}\in R^{3\times 3}$是观测误差协方差矩阵，对角线元素为 0.0025，其余元素为 0。

图 4-5 描述了 DNDE-APC 算法在该测试问题上的更新和进化过程，包括搜索得到的采样解(试验解)、更新解和更新解对应的目标函数、最终获得的后验参数的累积概率分布函数。图 4-5(a)展示了求解过程的搜索轨迹(子代解和细化解)的变化，可以看出，算法的搜索是在 3 个峰值周围持续探索。虽然在搜索过程中保持了多个峰值，但是从图 4-5(b)看出更新后的解只包含了 3 个峰值处的解。这说明了进化算法中选择操作算子能够根据目标函数对参数进行过滤。更新解的目标函数值如图 4-5(c)所示，可以看到算法经过大约 200 次目标函数评估后达到了收敛，所以实验中将收集了 200 次 *FEs* 后的所有更新解作为后验解，并绘制了如图 4-5(d)所示的实验累积概率分布函数，可以看出，DNDE-ACP 算法估计的后验分布与实际后验分布大致接近。

为了与 Global-DGN+RML、Local-DGN+RML 和 ES-MDA 三种方法进行比较，考虑到进化算法的随机性，独立实施了 DNDE-ACP 算法 20 次。如图 4-6 所示，DNDE-APC 算法的结果(虚线)要好于 Local-DGN+RML 和 ES-MDA 的结果，和 Global-DGN+RML 的结果大致相当(或略好于)。另外，值得注意的是，在该实验中 ES-MDA 方法的集合大小设置为 2000，迭代次数为 10。尽管采用了如此大的集合规模，ES-MDA 方法仍然无法准确识别到多个解，甚至大部分解是集中在 2.1 附近。这意味着，ES-MDA 方法尽管具有收敛快速的优势，但是在多解性方面存在缺陷，并且增加集合大小并不能有效解决该问题。

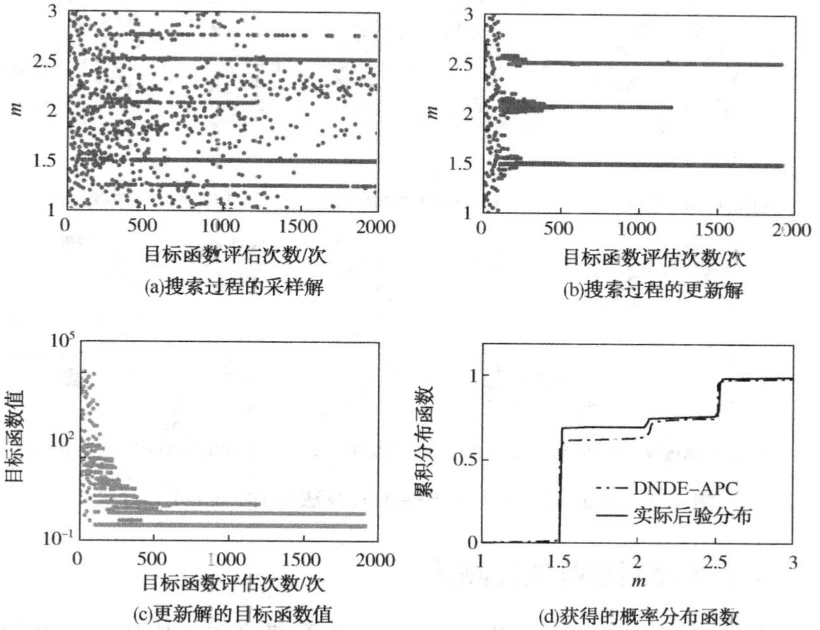

图 4-5 在测试问题上 DNDE-APC 算法的更新和进化过程

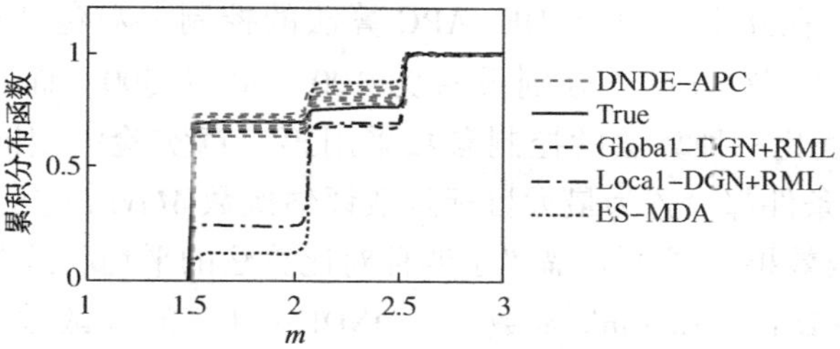

图 4-6 在测试问题上 DNDE-APC 算法与其他三种算法对比

二、低维问题分布式收敛特性验证

本节对 DNDE-APC 算法的分布式收敛特性进行实验验证和说明，利用 Himmelblau 函数(参见第三章)进行数值实验对比 DNDE-APC 算法和 DE/nrand/1 算法。图 4-7(a~c)和图 4-7(d~f)分别展示了 DE/nrand/1 算法和 DNDE-APC 算法在第 10 次、第 20 次、第 30 次的种群分布，可以看出，这两种算法都具有分布式搜索和收敛的能力。而对比可以看到，DNDE-APC 算法具有更好的收敛性，如图 4-7(e)所示 DNDE-APC 算法在第 20 次迭代就收敛到了 4 个最优解。

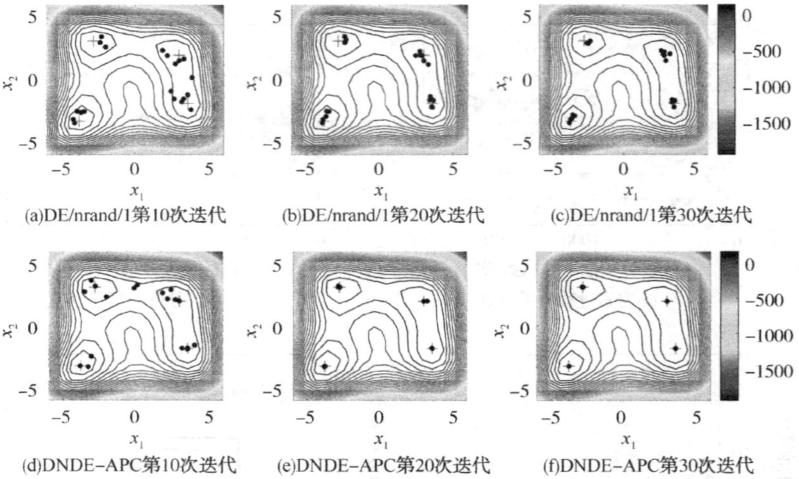

图 4-7　在测试问题上 DNDE-APC 算法与 DE/nrand/1 对比

三、高维多峰问题收敛性测试

本节通过数值实验验证 DNDE-APC 算法在高维多解性优化问题上的收敛性并与 DE/best/1、DE/nrand/1 和 PSO 优化等三种算法在 Griewank 函数(参见第三章)上进行对比。在此实验中 DNDE-APC 算法的控制参数包括初始数据样本数 N、种群大小 N_p 以及 *KFEs*，分别设置为 100、50 和 500。而 DE/best/1、DE/nrand/1 和 PSO 优化三种算法的控制参数采用第三章实验中相同的设置。另外，四种算法的收敛条件都设置为最大目标函数评估次数 *MaxFEs* 达到 2000，独立运行 20 次比较收敛效果。图 4-8 描述了四种对比算法的平均收敛曲线。可以看出，在 50-D 和 100-D 的 Griewank 函数上，DNDE-APC 的收敛效果显著优于 DE/best/1、DE/nrand/1 和 PSO 三种算法。可见，DNDE-APC 算法能够进行持续优化，具有良好的收敛性和全局寻优能力。

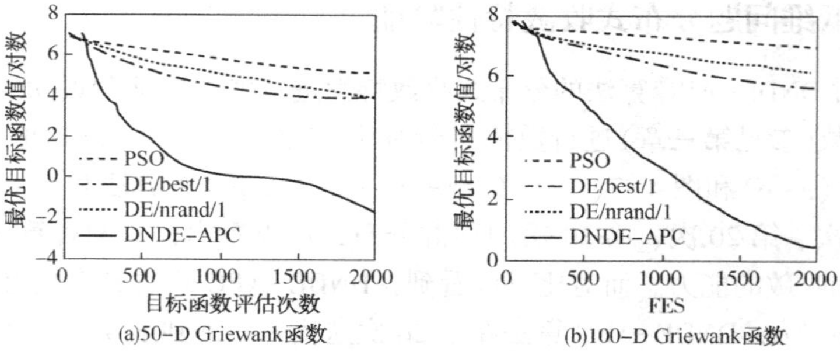

图 4-8　在高维测试问题上收敛性对比

另外，为了考察局部最优信息引导变异、局部代理辅助细化搜索和自适应参数控制对算法性能的影响，实验中对比了 DNDE-APC 算法和 DNDE-APC 算法不使用这三种策略在 30-D Griewank 函数上的收敛效果，每种算法进行了 20 次独立实验。其中 DNDE-APC 不使用局部最优信息引导，记作 DNDE-APC/lbest；DNDE-APC 不使用局部代理搜索，记作 DNDE-APC/local；DNDE-APC 不使用参数自适应控制，记作 DNDE-APC/APC。图 4-9 展示了收敛效果的比较结果，可以观察到上述三种不同机制对 DNDE-APC 算法收敛的影响。首先，可以看到 DNDE-APC 算法由于融合了上述三种策略，收敛效果是最好的；其次，点虚线是 DNDE-APC 不使用局部代理辅助的搜索，可以看到收敛效果降低的幅度最大，表明局部代理的加速效果对优化算法是十分重要的；再次，可以看到不使用局部最优信息引导的收敛效果降低幅度也十分明显，表明局部最优信息提升优化收敛性的作用也是显著的；最后，可以看到不使用参数自适应控制的 DNDE-APC 算法在搜索初期的收敛性能和 DNDE-APC 算法没有明显差距，但是在搜索后期，DNDE-APC 算法能够持续收敛，这表明参数自适应控制策略有利于算法持续保持良好的收敛。

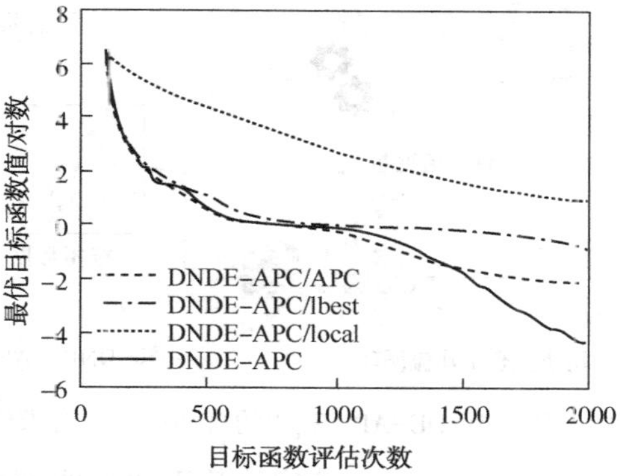

图 4-9 在测试问题上验证 DNDE-APC 算法的三种机制

四、非均质水驱油藏拟合测试

本节将 DNDE-APC 算法与卷积变分自编码(CVAE)模型结合构建自动历史拟合求解流程，并应用于具有非均质渗透率场的二维水驱油藏模型进行历史拟合实验研究。自动历史拟合求解流程如图 4-10 所示，首先进行不确定性参数敏感性分析，选择与生产数据密切相关的关键拟合参数；其次明确定义这些不确定性参数的先验分布范围，生成多个随机先验认识；最后通过训练 CVAE 模型进行高维参数场降维将渗透率、孔隙度等不确定性参数转变为低维潜在变量，将降维潜变量和其他低维不确定性参数(例如相渗曲线参数等)组合成反演参数进行历史拟合求解。本节实验只展示对渗透率进行反演求解未考虑其他参数，利用提出的DNDE-APC算法对反演变量进行优化更新，训练好的解码器重构相应的高维不确定性参数场，并将其输入到油藏数值模拟器计算相应的生产数据以及目标函数值。自动历史拟合求解之后筛选出拟合效果好的采样解作为后验解(也称为历史拟合解)进行生产预测，对预测结果的不确定性进行定量分析。

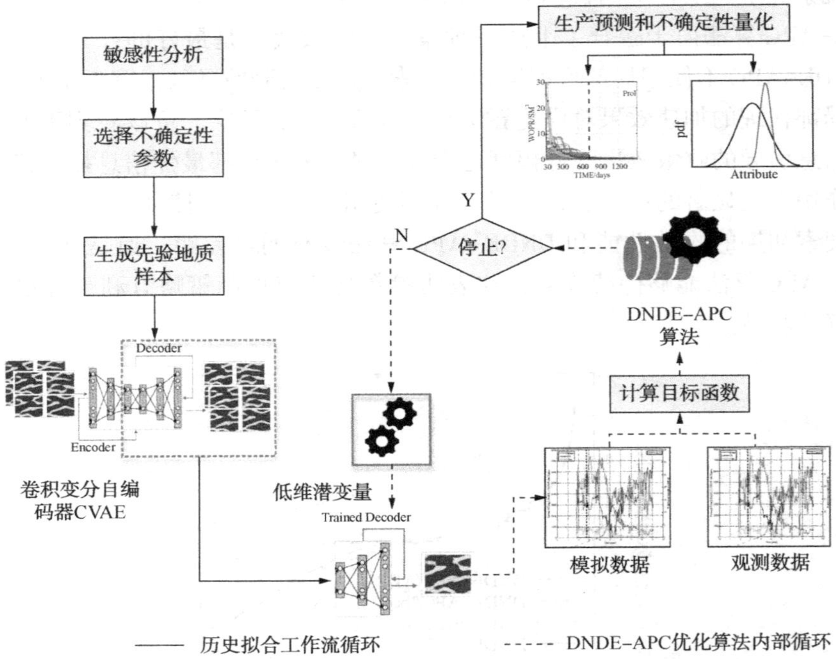

图 4-10　基于 DNDE-APC 算法的自动历史拟合求解流程

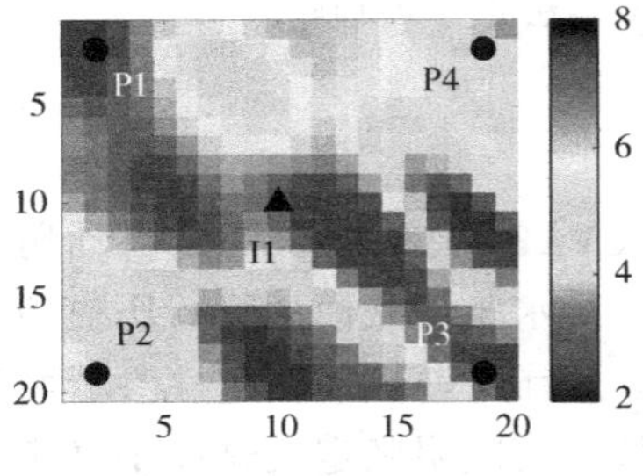

图 4-11　油藏模型的真实渗透率场

该实验基于油水两相油藏模型进行自动历史拟合研究，油藏区域划分为 20×20 的网格块，模型的不确定参数是每个网格块的渗透率。真实渗透率场如图 4-11 所示，具有一个高渗区和两个低渗区。该油藏模型布有 4 口生产井 P1 到 P4 以及 1 口注水井 I1。在数值模拟阶段，所有生产井的井底压力(BHP)下限设置为 395bar，注水井的 BHP 目标极限设置为 430bar。历史拟合阶段观测数据包括 4 口生产井在 0~720 天内(每 30 天一个时间步)的产油速率(WOPR)和产水速率(WWPR)。历史拟合观测数据通过添加均值为0、标准偏差为真实模型数据5%的高斯随机噪声得到。另外，为了验证拟合模型的预测效果，使用拟合之后780天(每30天一个时间步)作为生产预测阶段。

实验中将DNDE-APC的自动历史拟合求解结果与经典的PSO、DE/nrand/1算法性能进行比较，另外使用ES-MDA的结果作为收敛的参考以及与多解性历史拟合结果对比，所有算法的初始解保持相同。DNDE-APC算法的控制参数包括初始数据样本数N、种群大小N_p以及$KFEs$，分别设置为100、50和500。DE/nrand/1和PSO优化算法的控制参数采用第三章实验中相同的设置。DNDE-APC、PSO、DE/nrand/1三种算法的停止条件设置为最大目标函数评估次数达到3000。ES-MDA方法采用8次迭代和10次迭代，集合大小设置为100，因此需要800、1000次数值模拟评估。考虑到算法的随机性和数值模拟计算耗时，所有算法独立运行5次进行测试。

图4-12展示了四种算法在该拟合问题上的目标函数值收敛情况。可以看到，ES-MDA方法收敛最快。与PSO和DE/nrand/1算法相比，DNDE-APC算法的收敛性能更好，证明了局部最优引导突变机制和局部代理模型能够加速算法的收敛。对比PSO和DE/nrand/1算法在该拟合问题上的表现，在收敛早期，PSO的收敛性能显著好于DE/nrand/1算法，甚至是和ES-MDA算法一致；在收敛后期，PSO的收敛陷入了停滞(早熟)，而DE/nrand/1算法仍然在以较小的幅度持续优化。PSO算法是利用全局最佳解引导搜索，而DE/nrand/1算法是保持多样性。因此，使用全局最佳解有助于算法收敛但是可能会导致早熟，而保持多样性有利于算法避免陷入局部最优但是不利于收敛。DNDE-APC算法借助于局部最优信息引导、局部代理模型辅助搜索以及参数自适应控制使得收敛性得到了显著提升。另外，ES-MDA算法作为历史拟合领域广为应用的数据同化算法，收敛性好，可以看到，ES-MDA算法迭代8次(花费800次数值模拟)就可以达到与DNDE-APC算法相同的目标函数值。但是根据多峰采样实验，ES-MDA算法即使集合数设置为2000也难以对一维多峰问题进行有效采样，无法解决多解性难题。

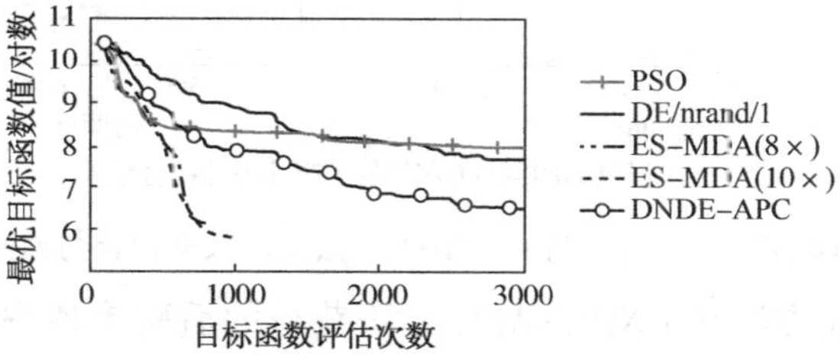

图4-12 DNDE-APC算法与其他几种拟合算法在目标函数上的收敛对比

进一步研究对比算法的生产数据拟合与预测效果。考虑到 PSO 和 DE/nrand/1 对该拟合问题不收敛，因此只比较了 ES-MDA 和 DNDE-APC 算法。对于 DNDE-APC 算法，选择目标函数值最优的 100 个更新模型作为拟合模型。以生产井 P3 为例，两种算法的生产数据拟合和预测结果如图 4-13 所示。可以看出，ES-MDA 方法经过 8 次迭代后拟合效果较好，而 10 次迭代后拟合和预测出现显著的集中和偏差(发生了集合崩溃，即集合中所有模型都收敛为近似相同的模型)。DNDE-APC 算法的拟合效果要优于 ES-MDA 迭代 8 次和迭代 10 次，在拟合阶段可以很好地覆盖观测数据，而在预测阶段也产生了有效的预测结果。

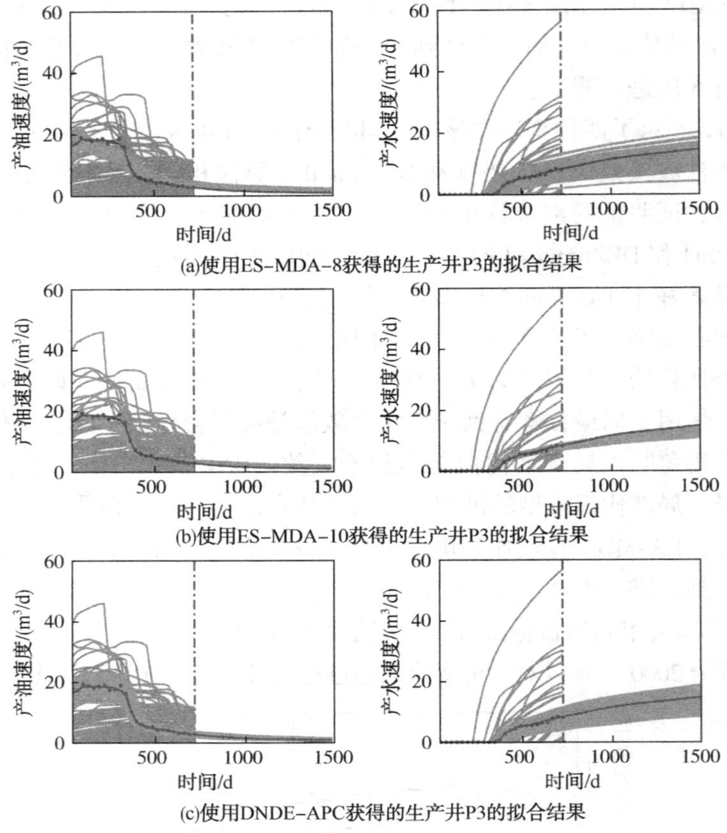

(a)使用ES-MDA-8获得的生产井P3的拟合结果

(b)使用ES-MDA-10获得的生产井P3的拟合结果

(c)使用DNDE-APC获得的生产井P3的拟合结果

图 4-13　DNDE-APC 算法与 ES-MDA 算法生产数据拟合与预测结果对比

对比 ES-MDA 方法和 DNDE-APC 方法获得的后验渗透率模型，如图 4-14 所示，在两种方法获得的 100 个历史拟合模型中随机选取了 4 个代表性模型进行对比。从图 4-14(a)可以看出，经过 8 次迭代的 ES-MDA 方法能够捕捉高渗透性区域的存在，8 次迭代的 ES-MDA 方法可以有效预测大部分区域的渗透率值，但是在右上角处，与真实模型相比高渗区域的拟合结果有所偏差。另外，由图 4-14(b)可以看出，ES-MDA 方法经过 10 次迭代后出现集合崩溃现象（经过多次迭代后，集合中的模型倾向于集中在同一模式上）。这是因为 ES-MDA 方法使用了全局敏感性矩阵进行集合更新，尽管可以提高收敛性但是难以有效识别多解。由图 4-14(c)，可以看出 DNDE-APC 方法可以得到具有不同渗透率分布的历史拟合模型，能够反映渗透率分布的不确定性。与 ES-MDA 结果相比，DNDE-APC 方法得到的后验模型更能反映真实模型高渗和低渗区域分布。

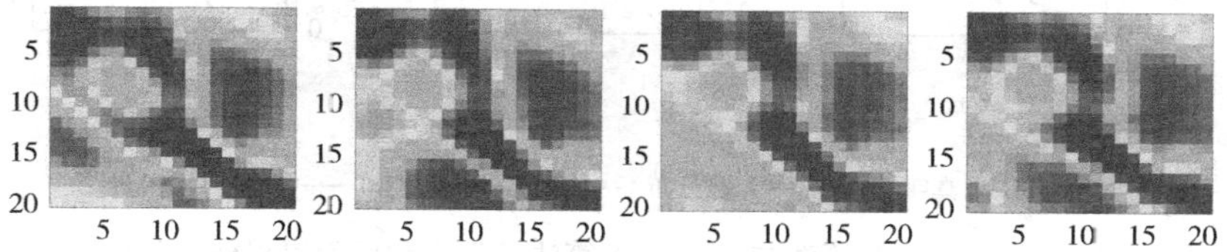

(a)ES-MDA(8)获得的四个随机渗透率场

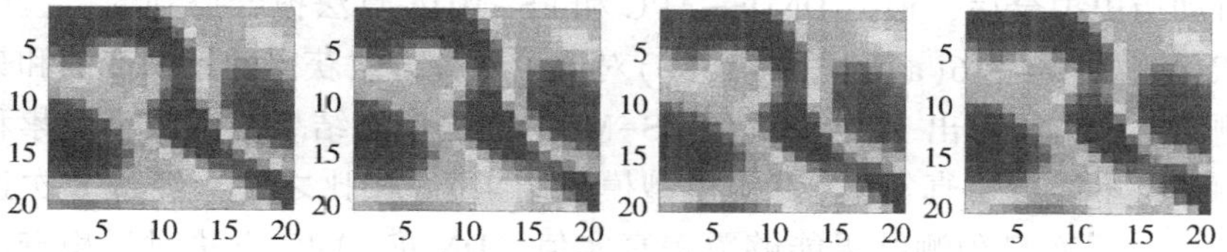

(b)ES-MDA(10)获得的四个随机渗透率场

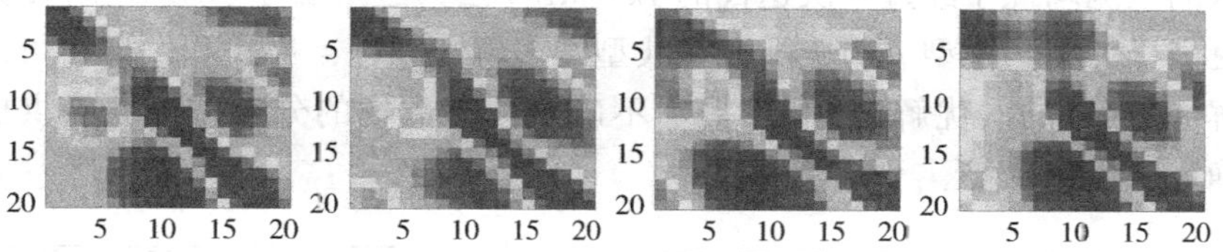

(c)DNDE-APC的四个随机后验渗透率场

图 4-14　DNDE-APC 算法与 ES-MDA 算法的参数场反演结果对比

为进一步对比 DNDE-APC 和 ES-MDA 算法，图 4-15 对比了前 6 个反演参数（低维潜变量）的先验和后验累积概率分布，黑色点线表示的真实值是对真实渗透率场通过 CVAE 编码器获得的，虚线是初始模型的分布曲线，实线和点划线分别是 DNDE-APC 和 ES-MDA 获得的后验参数。由图 4-15 可以发现，ES-MDA 获得的后验参数分布具有明显的单峰高斯分布特征，而 DNDE-APC 方法获得的反演参数分布对不同参数具有更灵活的分布，以变量 x_2 为例，可以看出 DNDE-APC 识别出了两个峰值。

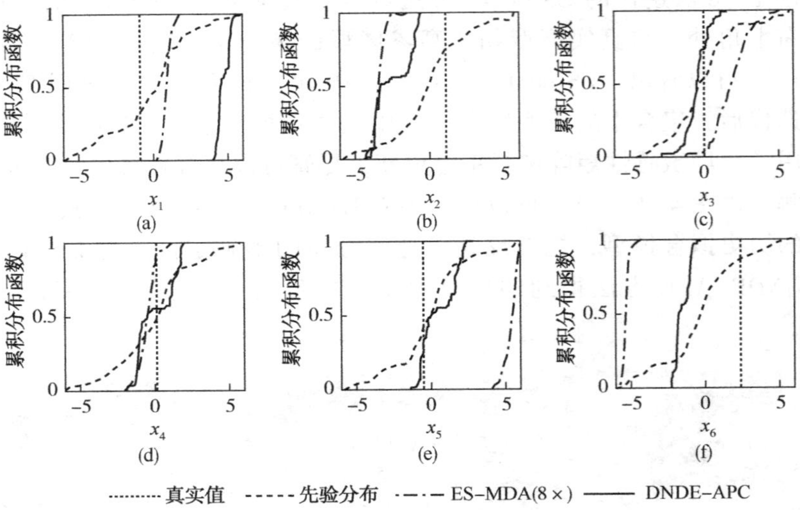

图 4-15　DNDE-APC 算法与 ES-MDA 算法的先验和后验累积概率分布对比

自动历史拟合后，根据 DNDE-APC 和 ES-MDA 算法拟合得到的后验模型进行生产预测。图 4-16(a)和图 4-16(b)对比了两种方法获得的累积产油和累积产水预测结果。可以看出 10 次迭代的 ES-MDA 方法预测结果范围较窄，累积产油的预测结果不能覆盖真实值(真实模型模拟结果)。相比之下，经过 8 次迭代的 ES-MDA 方法产量预测结果能够覆盖真实值。DNDE-APC 方法对累积产油和累积产水的预测均优于经过 8 次迭代的 ES-MDA 法，这是由于 DNDE-APC 方法获得了更多样的拟合模型。历史拟合是典型的多解性问题，寻找和发现尽可能多的最优解(或接近的次优解)有利于揭示不确定性参数场的分布特征，提供更准确的不确定性量化。

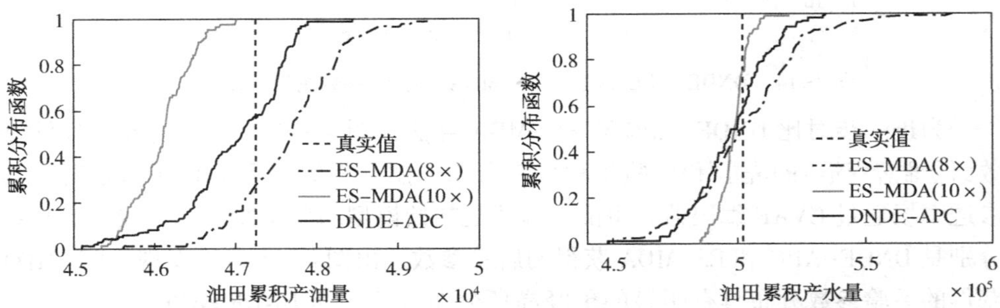

(a)累积产油量估计分布对比　(b)累积产水量估计分布对比

图 4-16　DNDE-APC 算法与 ES-MDA 算法的生产预测结果对比

参 考 文 献

[1] Li X. Niching without niching parameters: particle swarm optimization using a ring topology[J]. IEEE Transactions on Evolutionary Computation, 2010, 14(1): 150-169.

[2] Qu B. Y., Suganthan P. N., Das S. A distance-based locally informed particle swarm model for multimodal optimization[J]. IEEE Transactions on Evolutionary Computation, 2013, 17(3): 387-402.

[3] Wang Z. J., Zhan Z. H., Lin Y., et al. Dual-strategy differential evolution with affinity propagation clustering for multimodal optimization problems[J]. IEEE Transactions on Evolutionary Computation, 2018, 22(6): 894-908.

[4] Yaochu J., Olhofer M., Sendhoff B. A framework for evolutionary optimization with approximate fitness functions[J]. IEEE Transactions on Evolutionary Computation, 2002, 6(5): 481-494.

[5] Li F., Shen W., Cai X., et al. A fast surrogate-assisted particle swarm optimization algorithm for computationally expensive problems[J]. Applied Soft Computing, 2020, 92: 106303.

[6] Chen G., Zhang K., Xue X., et al. Surrogate-assisted evolutionary algorithm with dimensionality reduction method for water flooding production optimization[J]. Journal of Petroleum Science and Engineering, 2020, 185: 106633.

[7] Wang Y., Yin D. Q., Yang S., et al. Global and local surrogate-assisted differential evolution for expensive constrained optimization problemswith inequality constraints[J]. IEEE Transactions on Cybernetics, 2019, 49(5): 1642-1656.

[8] Epitropakis M. G., Tasoulis D. K., Pavlidis N. G., et al. Enhancing differential evolution utilizing proximity-based mutation operators[J]. IEEE Transactions on Evolutionary Computation, 2011, 15(1): 99-119.

[9] Arthur D., Vassilvitskii S. k-means++: the advantages of careful seeding. Proceedings of the the eighteenth annual ACM-SIAM symposium on discrete algorithms[C]. New Orleans, Louisiana: Society for Industrial and Applied Mathematics, 2007: 1027-1035.

[10] Fraley C., Raftery A. E. Model-based clustering, discriminant analysis, and density estimation [J]. Journal of the American Statistical Association, 2002, 97(458): 611-631.

[11] Zhang J., Sanderson A. C. JADE: Adaptive differential evolution with optional external archive [J]. IEEE Transactions on Evolutionary Computation, 2009, 13(5): 945-958.

第五章　数据驱动的进化优化在线拟合求解方法

本章介绍数据驱动的进化优化方法应用于自动历史拟合优化求解方法，从算法和并行计算的角度通过软硬协同进一步提升自动历史拟合求解计算效率。具体地，本章介绍一种基于分布式多代理系统辅助差分进化算法(DSS-DE)用于自动历史拟合求解。该算法基于集成学习方法构建分布式的多代理系统(DSS)，以有效地逼近搜索空间中的不同区域，并利用具有不同变异算子的差分进化(DE)优化器进行优化采样。DSS-DE算法基于集成学习多代理系统的预测方差设计了一种并行采样策略来筛选潜在优质解，以找到尽可能多的历史拟合局部或全局最优解，结合卷积变分自编码器形成了一种在线的自动历史拟合求解流程。

第一节　数据驱动的进化优化方法

一、数据驱动进化优化的发展

工程优化问题的目标函数通常涉及复杂的数值模拟，具有计算耗时、计算代价高的特点，这一类优化问题也被称为昂贵优化问题。计算耗时的数值模拟限制了大部分进化优化算法的应用效果。进化优化算法搜索性能与种群规模、迭代次数密切相关，尤其是对于多模态进化优化往往需要较大的种群规模以及较多的迭代搜索，浪费大量计算资源以及优化过程中产生的大量数据。为了解决这一问题，在优化算法与工程研究领域，数据和优化算法之间相互结合受到越来越多的关注。Jin 等[1]提出了数据驱动的进化优化求解新范式，在工程和理论研究领域受到广泛关注，强调充分利用优化问题搜索产生的数据，整合机器学习领域的数据分析、建模方法提升优化求解效率。Wang 等[2]针对工业领域面临的问题提出了离线数据驱动优化方法，他们使用集成学习技术在优化前构建多个离线代理模型，然后将它们组合成一个强学习器进行离线优化。Chen 等[3]在搜索过程中通过构建分层的全局代理模型和局部代理模型，并基于代理模型驱动优化算法搜索，研究结果表明代理驱动优化算法的收敛性能相比代理辅助算法显著提升。

数据驱动优化是利用优化问题密切相关的数据，如计算机数值模拟或物理实验中收集的数据，这些数据一般由决策变量、相应的目标或约束函数值组成。结合机器学习等数据分析、建模方法对这些数据加以利用增强优化求解效率，比如训练代理模型近似目标函数或约束函数。根据数据来源或产生方式，数据驱动的进化优化可以分为离线数据驱动和在线数据驱动。离线数据驱动的优化方法在优化过程中不再生成或无法得到新的数据，因此需要基于已有数据构建高精度的代理模型结合优化算法探索搜索空间。在这种情况下，优化的有效性严重依赖于可用数据的质量和数量以及代理建模的精度。而在线数据驱动的进化优化方法在优化过程中能够获取新的数据并且主动在搜索空间进行采样。由于在线数据驱动的进化优化方法能够主动控制数据的采样，因此可以动态地更新代理模型并指导优化搜索，此时代理模型的更新管理策略则十分重要。数据采样以及代理模型的更新管理是在线数据驱动进化优化方法的关键环节。

二、代理模型与数据采样方法

在数据驱动的进化优化中，根据采样目标，数据采样一般可分为探索性采样和挖潜性采样。探索性采样是在搜索空间中代理模型可能存在较大预测误差的区域进行采样，目的是提高算法搜索的探索性。代理误差较大的区域往往在优化过程中未能进行有效搜索，可能存在潜在的最优解。探索性采样因此也被称为不确定性采样，即代理模型预测的不确定性较大。因此进行探索性采样，可以有效地提高代理模型的全局精度。采样时搜索新的样本用于下一步的目标函数评估，在采样时采样点处的真实目标函数值是未知的，所以需要估计代理模型在采样点处的预测误差。已有的研究中提出了许多不同的代理模型预测不确定性程度估计方法，例如，使用高斯过程代理模型可以直接提供预测结果的不确定性[4]；样本解到现有的训练数据的距离也被用作不确定性度量[5]，一般情形下样本解距离现有的训练数据越大，代理模型的预测误差也越大。另外，集成学习方法也能够提供代理模型预测的不确定性信息，集成学习中多个基础学习器的预测方差可以用作预测不确定性度量。探索性采样可以增强算法的全局搜索性以及解的多样性，但是也可能会使得搜索过程过于发散而难以收敛。而挖潜性采样是在代理模型的最优点附近进行采样(代理模型的最优点很有可能是真实目标函数的最优点)，是通过挖掘目前已有的数据样本信息估计最优解，因此称为挖潜。挖潜性采样可以提高代理模型在最优区域的精度，也可能会使得搜索陷入局部最优。

根据探索性采样和挖潜性采样的特点，研究综合运用两类采样方法以期能使得搜索过程的探索性和收敛性达到平衡，称之为填充采样准则研究。典型的填充采样准则方法来自贝叶斯优化中的获取函数[6,7]，包括改进期望、改进概率和置信下界等方法，如下所示：

（1）改进期望（Expected Improvement）

$$C_E=(f_{\min}-h(x))\Phi\left(\frac{f_{\min}-h(x)}{s(x)}\right)+s(x)\varphi\left(\frac{f_{\min}-h(x)}{s(x)}\right) \tag{5-1}$$

式中，$f_{\min}$表示优化算法当前迭代搜索到的最优值；$h(x)$表示代理模型在样本点 x 处的预测目标函数值；$\Phi(\cdot)$和 $\varphi(\cdot)$分别表示正态累积分布函数和正态概率密度函数；$s(x)$则是代理模型在 x 处的预测方差（不确定性度量）。

（2）改进概率（Probability of Improvement）

$$C_P=\Phi\left(\frac{f_{\min}-h(x)}{s(x)}\right) \tag{5-2}$$

（3）置信下界（Lower Confidence Bound）

$$C_L=h(x)-\lambda s(x) \tag{5-3}$$

式中，λ 是常数，用于平衡预测结果和不确定性度量。

可以看出，以上这些填充采样准则是将预测的目标函数值和预测结果的不确定性整合形成了一个综合的采样评价指标用于指导数据采样，旨在平衡采样与搜索的探索性以及收敛性。

第二节　集成学习代理建模方法

一般情形下机器学习的目标是学习一个稳定且性能良好的模型，但是在实际问题中可能无法得到一个性能良好的模型，比如训练数据有限，只能够得到性能较弱的学习模型。集成学习（Ensemble Learning）方法[8]是通过对同一任务构建多个性能较弱的学习模型（称为基学习器或弱学习器），并通过集成方法将这些弱学习器进行组合期望得到一个性能更好更全面的模型（称为强学习模型）的方法，如图 5-1 所示。

根据基学习器的生成方式，集成学习方法可以大致分为两类：一类是串行生成，基学习器之间存在强依赖关系，如 Boosting 方法；另一类是并行生成，个体学习器之间不存在强依赖关系，如 Bagging 方法。Boosting 方法是从初始的一个弱学习器开始逐渐生成一系列的学习器且学习器的性能逐渐增强。一般是根据先前基学习器的性能表现对数据分布进行调整，使得之后生成的基学习器更多地关注先前学习器预测错误的样本；如此迭代重复，即可得到多个基学习器。一般可通过重新赋予权值的方法调整数据分布，对每个训练样本赋予权值，根据迭代过程调整权值实现数据分布的调整。Boosting 方法更关注降低预测的

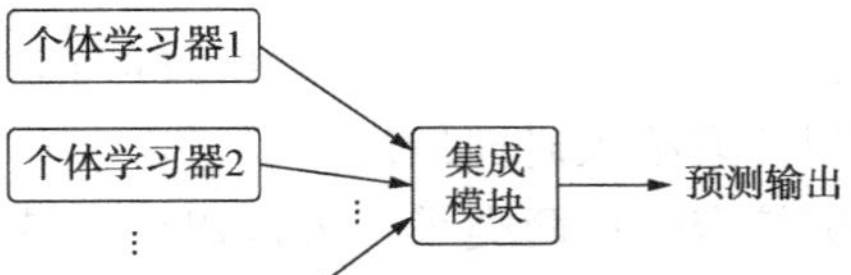

图 5-1　集成学习原理示意图

偏差，它通过多次迭代构建出多个学习器逐渐降低预测误差。

Bagging 方法是并行式生成基学习器的代表性方法。它通过自助采样方法(bootstrap sampling)从数据集中有放回的随机取样获得多个子数据集，根据获得的多个子数据集构建多个基学习器。自助采样方法也称为 .632 采样方法[9]，因为根据理论推导自助采样方法获得的子数据集大小约为完整数据集的 63.2%。由于每个基学习器的训练只使用了数据样本中的 63.2%的样本，因此数据集另外 36.8%的样本(称为包外样本)可以用作验证集辅助学习器训练，例如，估计基学习器的预测误差、辅助训练早停防止过拟合等。在做回归预测时，一般采用简单的平均方法即取所有基学习器的预测结果的平均值作为最终预测。Bagging 方法更关注降低问题的预测方差，它通过随机划分多个不同的子数据集，构建尽可能独立的多个学习器对问题进行建模。

在训练多个基学习器之后，集成学习一般还需要相应的结合策略。基学习器进行有机组合有利于增强预测的泛化性能。常用的结合策略有平均法即对每个学习器的预测结果进行简单平均或根据误差进行加权平均。另外，还可以通过学习的方法对基学习器进行组合。在集成学习中，保持基学习器的多样性是十分重要的。假如所有的学习器都能提供相同的预测结果，那么它们的组合也无法提升整体预测。因此，集成学习一个重要的思想就是“和而不同”，即一方面希望弱学习器能够提供相对可靠的预测结果，另一方面希望弱学习器做出的预测能够保持多样性。保持多样性对于基学习器可能存在较大预测误差时尤为重要。理想情况下，基学习器应该是独立且负相关的。常见的提升集成学习基学习器多样性的方法大致从数据样本、算法模型、输入输出表示等方面进行增强。例如，自助采样方法获得的多个学习器就是通过对原始数据集进行随机取样构建的。输入属性扰动比如有的问题有多个输入参数，通过对输入参数进行分组(子空间)划分属性子集。算法模型一般是对算法或模型的参数进行随机设置，例如神经网络的隐藏层数，径向基函数模型(RBF)的核函数等，通过对算法或模型参数进行随机设置往往可以获得差别较大的个体学习器。以上集成学习多样性增强方法在实际应用中也可以同时使用。

第三节 基于分布式多代理系统的差分进化算法

一、DSS-DE 算法的并行计算特性

目前云计算已成为石油工业领域的基础设施，中国石油、中国石化近年来均已完成云计算平台的部署，具有并行计算架构的分布式优化求解算法的重要性更

加突出。因此，本节介绍一种适用于云计算平台的基于分布式集成多代理系统的自动历史拟合优化求解算法，即 DSS-DE，该算法作为一种数据驱动的进化优化方法，从代理建模、优化搜索到采样模拟评估都实现了并行化。

DSS-DE 算法基于集成学习方法构建了分布式的多代理系统并结合差分进化算法进行参数空间搜索，可以高效地利用优化过程中收集到的数值模拟数据。图 5-2描述了所提出的 DSS-DE 算法的流程图，其中 *DB* 表示数据集，包含决策变量和数值模拟评估的目标函数值。在算法的每次迭代中，首先基于 *DB* 中收集的数据，使用集成学习方法构建多代理系统对搜索空间的不同区域进行代理建模；然后使用优质解迁移机制生成初始种群，用于差分进化优化器对分布式代理系统中的所有基学习器同时进行基于代理的搜索采样获得多个潜力解；最后并行地对所有潜力解进行数值模拟评估计算历史拟合目标函数，更新数据集 *DB* 并重复上述过程，直到满足算法的停止条件。本节介绍 DSS-DE 算法中各部分的细节，包括 *DSS* 的建立、基于优质解迁移的 DE 优化搜索和并行采样策略。

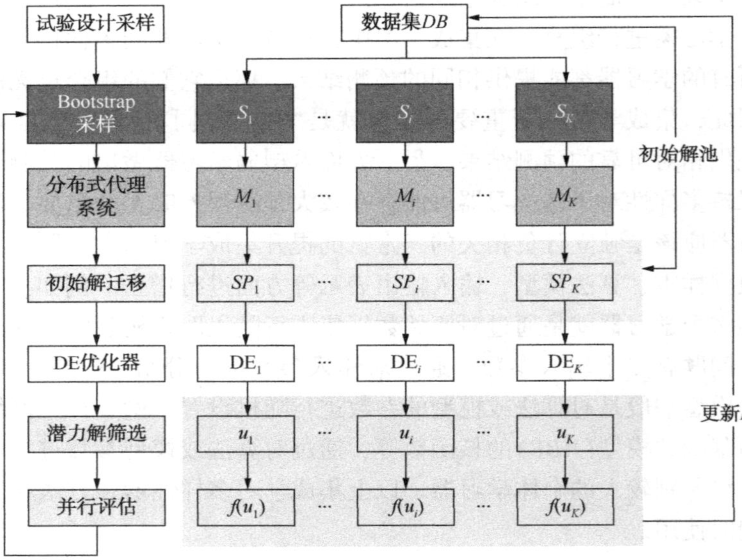

图 5-2　DSS-DE 算法的工作流程示意图

二、DSS-DE 算法的分布式代理系统

分布式代理系统是基于集成学习方法对搜索空间同时构建的多个基学习器进行代理建模。集成学习方法生成基学习器的方法中串行生成方法偏向于降低代理预测的偏差，而并行生成方法侧重于降低代理预测的方差。数据驱动进化优化是

通过多次迭代采样提升代理精度来进行搜索的，整个迭代过程是不断地降低代理模型的预测偏差，而在每次迭代时，构建分布式的代理系统应侧重于降低预测的方差从而实现可靠的采样。因此，DSS-DE 算法通过并行采样生成方法即自助采样方法构建分布式的代理系统。

如图 5-3 所示，使用自助采样方法对原始数据库进行有放回的随机采样，生成 K 个不同的子数据集 $\{S_1, S_2, \cdots, S_K\}$。之后，根据这些不同的子数据集生成 K 个不同的基学习器 $\{M_1, M_2, M_3\}$。DSS-DE 算法中使用插值型径向基函数模型(RBF)构建基学习器，在第四章已经介绍过径向基函数模型。为了进一步增强基学习器的多样性，RBF 模型随机使用不同的基函数，可以根据优化问题特点提前设置相应的基函数库。

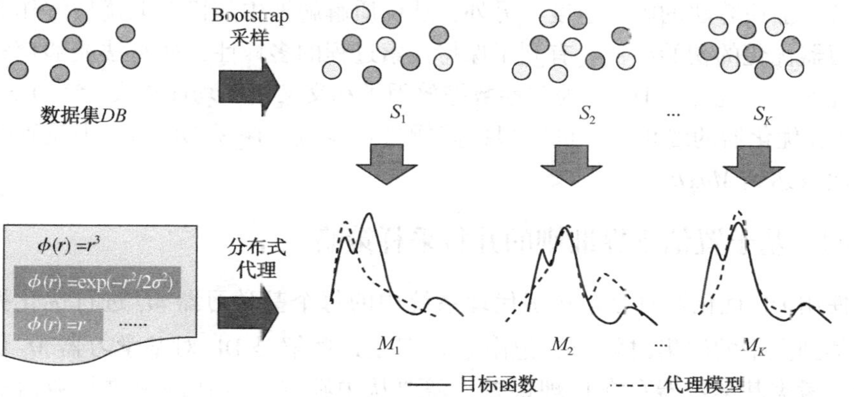

图 5-3　划分数据集和构建多个基学习器的示意图

三、基于分布式多代理的优化搜索

本节介绍如何使用多个 DE 算法作为优化器进行搜索采样。分布式代理系统中的每个基学习器都是对目标函数的代理建模，因此对目标函数的优化搜索可以通过优化基学习器进行：

$$\begin{aligned}&\min M_i(x)\\&\text{subject to: } L_j \leqslant x_j \leqslant U_j,\ j=1,\ \cdots,\ D\end{aligned} \tag{5-4}$$

式中，M_i 是分布式代理系统中的第 i 个 RBF 代理模型；L_j 和 U_j 是子数据集 S_i 中所有训练样本的决策变量在第 j 维的最小值和最大值；D 表示决策变量的维数。

基学习器 M_i 是对目标函数的代理建模，优化 M_i 时搜索空间可能会和目标函数一样复杂，因此使用全局优化算法如 PSO、DE 等方法能够对搜索空间进行重复地采样。而且 M_i 是 RBF 模型，评估计算十分快速（毫秒级），使用全局优化算法时无需考虑评估次数的限制。本研究使用 DE 算法对 M_i 进行优化，并且对不同的基学习器优化，从常用的多个变异操作算子中随机选取变异算子。第三章已经介绍了 DE 算法的不同变异算子能够产生不同的搜索行为，这有利于获得更具多样性的解。

另外，为了提高对 M_i 的优化效率，DSS-DE 算法使用数据集构建优质解迁移策略。即在基于代理的优化前，从当前数据集 DB 中选取 N_b 个目标函数值最优的解，构建一个优质解解池 $X_b=\{x_i \mid i=1, 2, \cdots, N_b\}$。对于每个基学习器 M_i 的优化，从解池 X_b 中随机选取 N_p 个解（$N_p<N_b$）作为 DE 的初始种群，N_p 是 DE 优化的种群大小。构建优质解解池可以在优化迭代时传递搜索过程已发现的最优解，加快算法的收敛速度。另外，从优质解解池中随机选取优质解作为每个基学习器优化的初始种群，有利于保持搜索过程的多样性，使算法能够探索更多的最优区域。优化器 DE 的控制参数缩放因子和交叉概率均简单设置为 0.5 即可，另外 DE 优化器的终止条件可以根据问题进行设置，DSS-DE 算法中设置为最大迭代次数达到 $MaxIt$。

四、基于置信下界准则的并行采样策略

使用 DE 优化器对分布式多代理系统中的每个基学习器 M_i 进行优化搜索后会采集到大量的解集（样本），记作 Q_i。但是这些解是 DE 对基学习器 M_i 优化得到的，考虑基学习器存在代理误差，需要从中筛选出合适的解进行数值模拟评估。“筛选合适的解”在数据驱动的优化中一般分为探索性或者挖潜性采样，DSS-DE 算法使用多代理系统中的基学习器能够估计预测方差，因此结合置信下界准则进行并行采样。

具体地，对于每一个基学习器 M_i 使用 DE 优化搜索得到解集 Q_i，只从中选择一个解 u_i 进行数值模拟评估真实目标函数。采用置信下界准则进行选择，能够平衡搜索的多样性和收敛性，如下所示：

$$u_i=\min_{x\in Q_i} M_i(x)-\lambda s(x) \tag{5-5}$$

式中，λ 是用于平衡探索性和收敛性的常数，本研究中取 1。

基学习器 M_i 对样本 x 的预测方差 $s(x)$ 可以通过多代理系统中的其他基学习器进行估计，如下所示：

$$s(x)=\sum_{j=1}^{K}\left[M_j(x)-\overline{M}(x)\right]^2/K \tag{5-6}$$

式中，K 是基学习器的数量；$M_j(x)$ 是第 j 个学习器在 x 处的预测值；$\overline{M}(x)$

是所有基学习器对 x 的预测平均值。可以看出，$s(x)$ 是多代理系统在 x 处预测方差的估计值。

五、数据集的更新和管理

数据集的更新和管理对于数据驱动的进化优化方法至关重要，而数据的管理与处理往往需要结合对优化求解问题本身的认识。针对自动历史拟合问题目标函数非线性强的特点，DSS-DE 算法设计了相应的数据集更新管理方法。具体而言，在 DSS-DE 中，数据集 DB 由 N_0 个初始解进行初始化。初始化方式与问题决策变量的特点密切相关。一般问题，使用常规的拉丁立法设计方法或从变量区间中随机均匀采样即可。对于使用了 PCA 降维或 CVAE 降维的自动历史拟合问题，由于低维参数是服从高斯分布的，因此需要从高斯分布随机取样。DB 需要在优化过程中利用采样得到的样本进行更新，设定当数据集 DB 中的样本数量达到预设的大小 N_c 时删除数据集中目标函数值最大的样本(对最小化优化问题)。这样可以避免搜索初期远离最优解区域的样本对搜索后期围绕发现的最优区域进行精细搜索的影响。自动历史拟合问题往往是具有强非线性特点的优化问题，异常样本(比如历史拟合中容易出现少量目标函数值非常大的解)会显著影响代理的准确性。因此，DSS-DE 算法采用了一种简单的异常检测方法来消除异常样本：假设样本 x_i 的目标函数值 y_i 大于 $y_m+4\times y_s$，则该样本从数据集中被淘汰，其中 y_m 和 y_s 是数据集 DB 中样本目标函数值的均值和标准差。

六、DSS-DE 算法参数分析

DSS-DE 算法需要预先设定的主要控制参数有 6 个，即数据集 DB 初始样本数量 N_0；数据集 DB 的最大样本数量 N_c；分布式代理系统的基学习器数量 K；优质解解池大小 N_b；DE 优化器的最大迭代次数 $MaxIt$；DE 优化器的种群大小 N_p。算法的终止条件设置为目标函数最大评估次数达到 $MaxFEs$。可以看出，这些控制参数大都是数量，设置较为容易。在本章数值实验中，设置 $N_0=100$，$N_c=0.5MaxFEs$，$MaxIt=30$，$N_b=100$，$N_p=0.5N_b$。基学习器数量 K 的大小代表算法并行采样的能力，K 越大算法迭代次数越少，因此将在后续数值实验中对 K 进行分析。

第四节　基准测试和算法性能分析

为验证和分析所提出的 DSS-DE 算法在复杂优化问题上的性能，本节在两个复杂的高维多解性基准测试函数[10]上进行了数值实验。DSS-DE 的参数设置如前一节所述，数据集 DB 初始化时使用拉丁超立方体采样。另外，本节以前一章介绍的局部代理辅助的多模态差分进化算法 DNDE-APC 以及三种在自动历史拟合领域广泛应用、具有代表性的进化优化方法(DE/best/1、PSO 和 GA)的结果作为参考对比，DNDE-ACP 算法的控制参数设置参考本书第四章，三种传统算法的介绍和控制参数设置参考本书第三章。所有算法的终止条件设置为最大目标函数评估次数达到 1000。考虑到进化优化算法搜索行为具有随机性，本节所有实验均独立运行 20 次进行分析。

一、基准测试函数介绍

本节使用两个基准函数进行测试，即 Ackley 函数和旋转混合组合函数(RHC)，其中 Ackley 函数的特点在本书第三章中已经介绍过，是具有唯一全局最小值多个局部最优值的多峰优化问题。RHC 函数是一个较为复杂的组合函数，图 5-4 展示了它在二维参数空间的目标函数景观。可以看出，RHC 函数在搜索空间中分布有多个局部最优解和多个全局最优解。本节实验中 Ackley 和 RHC 函数的维数取 30 维、50 维和 100 维，分别代表低维、中维和高维的优化情形。

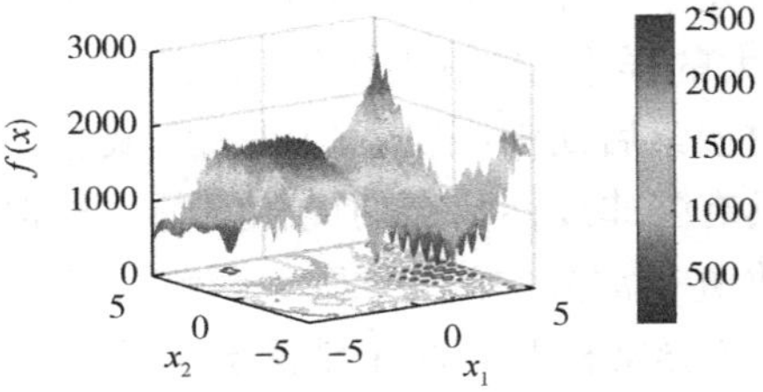

图 5-4　RHC 测试函数的目标函数景观

二、并行扩展性研究

首先，对 DSS-DE 算法的并行采样能力(并行扩展性)进行分析验证，对比使用不同的基学习器数量 K 对算法收敛性能的影响。取 K 为 5~100 之间的一系列整数，图 5-5 展示了使用不同 K 值的 DSS-DE 算法在 50-D 的 Ackley 函数和 50-D 的 RHC 函数上的收敛性能变化。图中每条曲线为 20 次独立实验的平均收敛曲线。可以看出，随着 K 增加，收敛性能降低。在 DSS-DE 算法中，K 是每次迭代并行采样的样本(解)个数，在总的目标函数评估次数相同的情形下 K 越大迭代次数越少。对于代理驱动的进化优化方法，每次迭代中采样点越少，意味着代理模型更多次地精细调整，代理性能会得到大幅度提升，算法收敛性也就越好。但是，考虑到自动历史拟合问题的目标函数评估是基于油藏数值模拟的，每次迭代采样 K 个解评估目标函数需要运行 K 次油藏数值模拟，理想情形下，使用并行计算(云计算平台或高性能计算集群分布有多个计算节点)同时运行 K 个样本油藏数值模拟的计算时间和运行 1 个样本油藏数值模拟的时间相等，因此 K 越大、迭代次数越少($MaxFEs/K$)，计算效率越高、计算耗时越少。在实际应用中，K 的确定需要考虑并行计算的能力和算法收敛性能的平衡，以最大程度地提高计算效率。

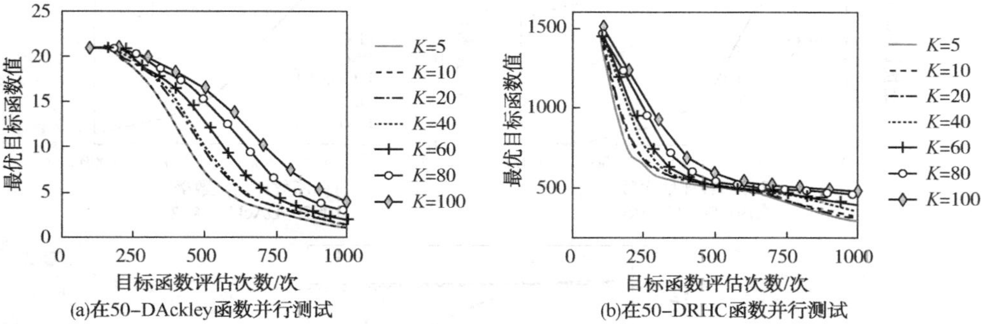

(a)在50-DAckley函数并行测试

(b)在50-DRHC函数并行测试

图 5-5 DSS-DE 算法收敛性与并行采样数量的关系

三、收敛性分析

本节对 DSS-DE 算法的收敛性进行分析，并与 DNDE-APC、DE/best/1、PSO 和 GA 等算法进行对比。考虑到本节数值实验的决策变量维数在 30~100 之间，因此 DE/best/1、PSO 和 GA 等算法的种群大小取 50。为进行公平的对比，DNDE-APC 算法的种群设置为 49(每次迭代除种群外还有额外的 1 个局部代理搜索获得的精细搜索解)，DSS-DE 算法的 K 值也相应地取为 50。这样在算法终止条件为最大目标函数评估次数达到 1000 的情形下所有对比算法的迭代次数相同(迭代 20 次)。

图 5-6 展示了四种算法在 Ackley 函数上的测试结果，可以看出，由于 Ackley 函数具有多个局部最优陷阱，因此 DE/best/1、PSO、GA 常规算法经过 20 次迭代目标函数小幅度地下降。而 DNDE-APC 算法经过 20 次迭代下降明显，这是由于局部代理能够加速搜索，但是收敛性明显弱于本章所介绍的 DSS-DE 算法。由图 5-6 可以看出，DSS-DE 算法在 30-D、50-D 和 100-D 的 Ackley 函数上均表现出了优越的收敛性能。

图 5-7 描述了比较算法在 RHC 函数上的收敛曲线。不同于 Ackley 函数，收敛曲线只是在局部区域有许多陷阱但总体上近似单峰，RHC 函数是一个更加复杂的多峰优化问题，具有多个全局最优以及接近全局最优的局部次优解，并且分布在搜索空间的不同区域。在该问题上，可以看出，DSS-DE 算法的收敛性能仍然要明显好于 DNDE-APC 以及 DE/best/1、PSO 和 GA 算法。相比于只使用了局部代理模型作为辅助搜索的 DNDE-APC 算法，DSS-DE 算法以代理模型驱动优化搜索，展示出了更好的收敛性。

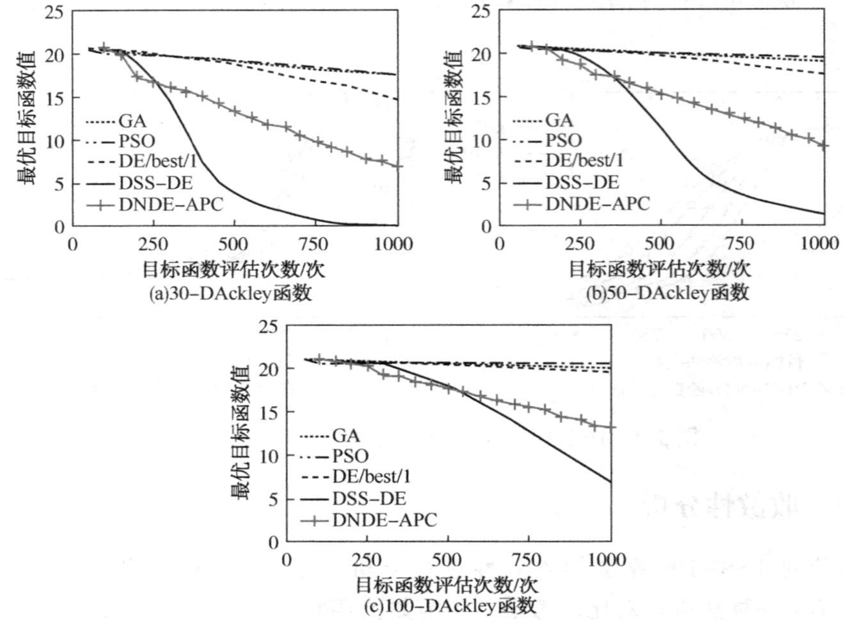

图 5-6　在 Ackley 测试函数上对比算法的收敛性

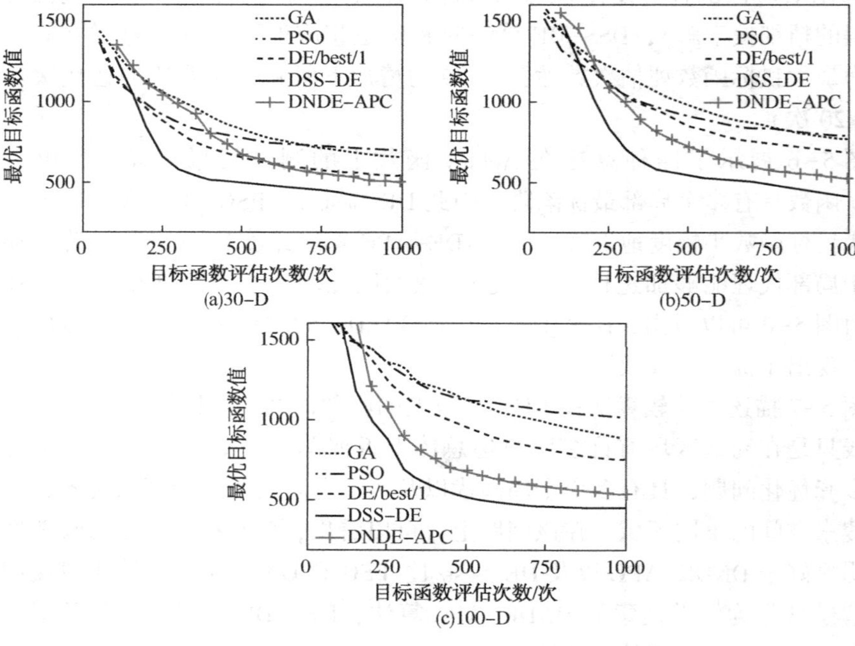

图 5-7　在 RHC 测试函数上对比算法的收敛性

第五节　自动历史拟合数值实验

一、数值实验的基本情况

本节介绍 DSS-DE 算法应用于油藏自动历史拟合进行数值实验研究，使用 DSS-DE 算法进行自动历史拟合求解的流程与前一章 DNDE-APC 算法进行拟合求解相同。自动历史拟合数值实验是在两个具有不同地质特征的油藏模型上进行，包括一个二维非均质连续高斯场模型和一个多层的河流相非高斯场模型，拟合参数为储层渗透率分布。与本书第四章自动历史拟合数值实验相同，使用 CVAE 作为降维重构方法。一方面，CVAE 模型能够对高维参数场进行高效地降维表示；另一方面，CVAE 模型能够很好地处理复杂非高斯参数场的降维表征。因此，使用 CVAE 方法可以方便地对本节实验中两种不同地质特征的高维渗透率场进行历史拟合研究。同样地，使用 DNDE-APC、DE/best/1、PSO 和 GA 等算法进行对比，DSS-DE 和四种对比算法的控制参数与本章第四节基准测试问题相同，算法终止条件同样设置为最大目标函数评估次数达到 1000 次，意味着需要 1000 次油藏数值模拟计算以及算法总共迭代 20 次。考虑优化算法的随机性以及数值模拟计算相对耗时，所有算法独立运行 5 次进行对比。

二、非均质二维水驱油藏高斯随机渗透率场反演

如图 5-8 所示，该水驱油藏模型具有非均质的渗透率分布，划分为 60×60 的网格块，网格块尺寸为 10m×10m×4m。对数渗透率是服从高斯分布的，均值和方差分别为 5.1 和 0.9，渗透率单位为 mD。该油藏模型布有 6 口生产井(P1～P6)和 1 口注水井(I1)，注水井 I1 位于油藏区域中心的高渗条带。实验中，油藏模型总共进行 3000 天的数值模拟，时间步长为 30 天，控制注水井和生产井的井底压力(BHP)为 465bar 和 395bar。其中，前 1500 天作为历史拟合阶段，后 1500 天用于生产预测验证。观测数据包括各生产井的产油速度(WOPR)和产水速度(WWPR)，历史拟合观测数据是对真实模型模拟数据添加高斯噪声得到的，其中高斯噪声的均值为零，标准差为模拟数据 5%。

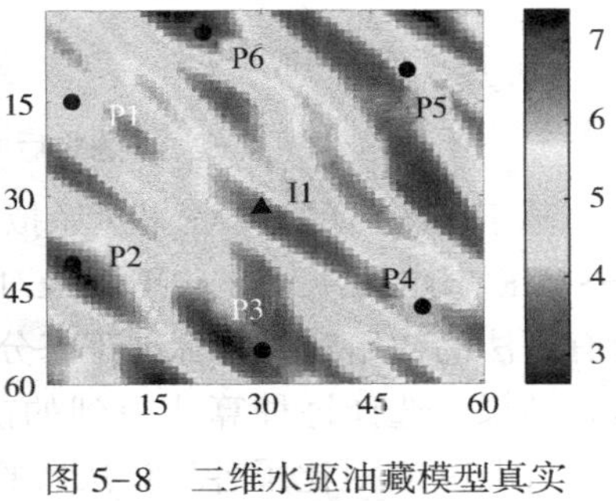

图 5-8　二维水驱油藏模型真实对数渗透率场和井位分布

自动历史拟合求解之前，需要对渗透率

场进行 CVAE 降维。使用斯坦福地质统计建模软件(SGeMS)的序贯高斯随机地质建模算法生成 10000 个无硬数据的随机先验认识，均值和方差与真实模型相同。CVA 模型的结构参考本书第二章，低维潜变量的维数设为 50，便于验证测试 DSS-DE 等算法在低维情形下历史拟合求解效果。取随机先验认识中的 9000 个样本作为训练集，剩余 1000 个样本作为测试集，训练迭代次数和批处理大小分别设置为 50 和 64，采用最大最小归一化处理对数渗透率场，训练大约需要 5min 左右。图 5-9 展示了训练后的 CVAE 模型在三个不同测试样本上解码潜变量的分布以及重构效果。可以看到，CVAE 解码后的潜变量基本服从均值为零的正态分布，使用编码器重构得到的渗透率场基本保留了测试样本的分布特征。

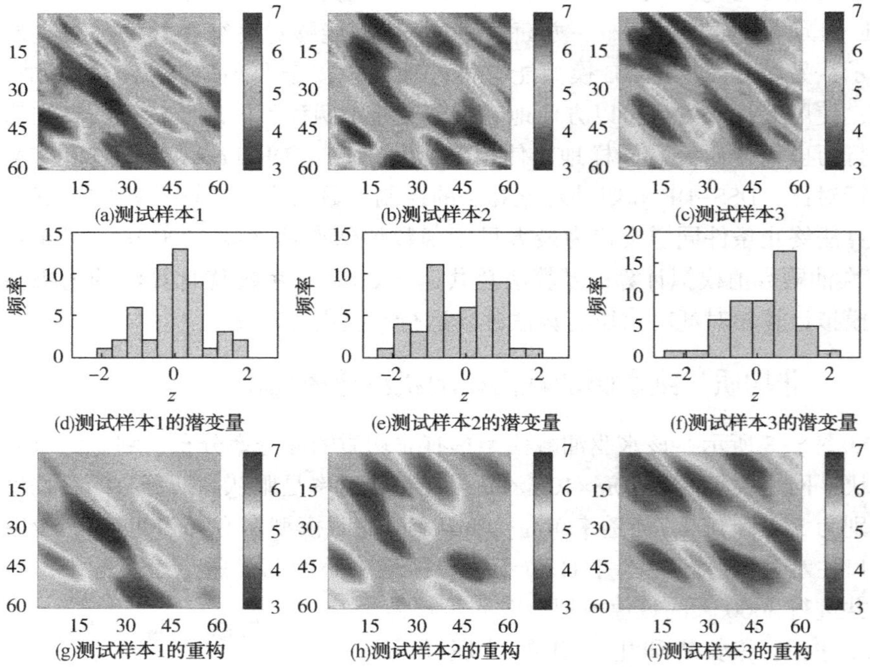

图 5-9　训练之后的 CVAE 模型的降维重构测试结果

基于训练后的 CVAE 模型(拟合阶段主要使用 CVAE 的解码器)，分别采用 DSS-DE、DNDE-APC、DE/best/1、PSO 和 GA 等算法进行自动历史拟合求解。所有算法的初始解采用标准正态分布随机生成。为比较这些算法的收敛性和历史拟合结果，选择每种算法得到的前 100 个最优解作为历史拟合解(也称为后验解)。图 5-10 对比了各种算法后验解的目标函数值以及随机初始解的目标函数值(Initial)。可以看出，随机初始解的目标函数值集中在 10^4 量级附近，而 DNDE-

APC、DE/best/1、PSO 和 GA 算法后验解的目标函数值接近，集中在 10^3 量级。可以看到，在该问题上进行最大 1000 次目标函数评估，使用局部代理辅助的 DNDE-APC 算法没有表现出比常规算法更好的收敛性。而 DSS-DE 算法的收敛性能更好，后验解的目标函数值达到了 10^2 量级。

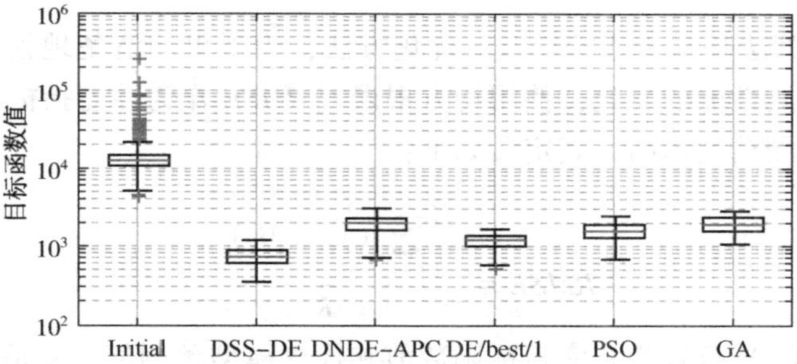

图 5-10　箱型图对比不同算法的历史拟合目标函数

图 5-11 在目标函数空间对比了 DSS-DE 算法和其他四种算法的收敛情况。可以看到，DSS-DE 算法比其他四种算法收敛更快速。PSO 和 GA 算法在优化过程中容易产生一些目标函数值异常大的解，这是因为自动历史拟合的求解是强非

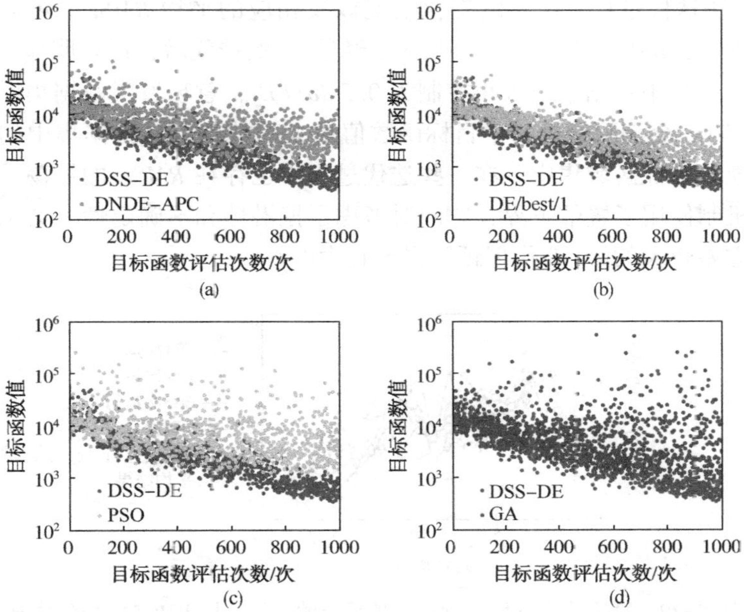

图 5-11　DSS-DE 与(a)DNDE-APC，(b)DE/best/1，(c)PSO 以及(d)GA 的收敛情况对比

线性的优化问题，决策变量微小的变化可能导致生产数据拟合目标函数非常大的变化。DSS-DE 和 DE/best/1 算法的收敛趋势类似，其中 DE/best/1 算法是由种群中发现的全局最优解主导搜索，所以收敛过程往往比较集中，而 DNDE-APC 算法使用了局部代理以及局部最优信息进行引导，所以整个搜索过程也比较平稳。

DSS-DE 算法是基于代理模型的优化方法，为了更加清楚地说明代理模型在搜索过程中预测性能的变化，使用均方根误差 *RMSE* 作为性能指标，*RMSE* 越小，代理模型的预测精度越高，其定义如下：

$$RMSE = \sqrt{\frac{\sum_{i=1}^{K}(y_i - M_i)^2}{K}} \tag{5-7}$$

式中，y_i和 M_i分别为真实目标函数值和代理模型预测值；K 是 DSS-DE 算法每次迭代并行采样的样本数量。

在 DSS-DE 的每次迭代中，首先基于代理模型预测结果采样 K 个新解，然后使用并行数值模拟进行真实目标函数计算，因此每次迭代采样得到的新解可以作为测试集来评估当前迭代时代理模型的预测性能。图 5-12 展示了 5 次独立运行 DSS-DE 算法迭代过程 *RMSE* 的变化情况以及相应的平均 *RMSE*。可以看到，随着迭代的进行，*RMSE* 逐渐减小。尤其是经过 10 次迭代后，误差明显减小，这是因为在 DSS-DE 中数据集的大小控制为 0.5*MaxFEs*，意味着当数据集样本数达到 500 个样本时，会消除数据集中目标函数值最大的数据点，数据集中的样本逐渐向搜索发现的最优区域集中。在一些迭代过程中也存在 *RMSE* 的振荡，这是因为并行采样机制使用了置信下界，它同时考虑了挖潜性和不确定性，会采集到代理模型预测方差较大的解(即代理预测误差较大的解)。

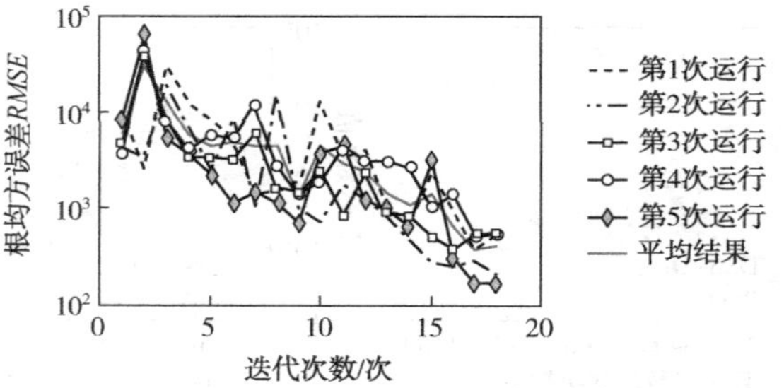

图 5-12　算法迭代过程中 DSS 代理系统的性能指标 *RMSE* 的变化情况

图 5-13 以 P2 和 P4 两口生产井的拟合指标对比了几种算法生产数据历史拟合和预测效果。图中灰色曲线是随机初始模型的拟合和预测数据，随机初始模型

的生产数据具有很强的不确定性。两口井的产油速度几种算法都能比较好地拟合和预测，对于产水速度指标 DNDE-APC、DE/best/1、PSO 和 GA 算法未能很好地进行拟合和预测，而 DSS-DE 方法获得最好的拟合效果能够准确捕捉生产数据的变化。

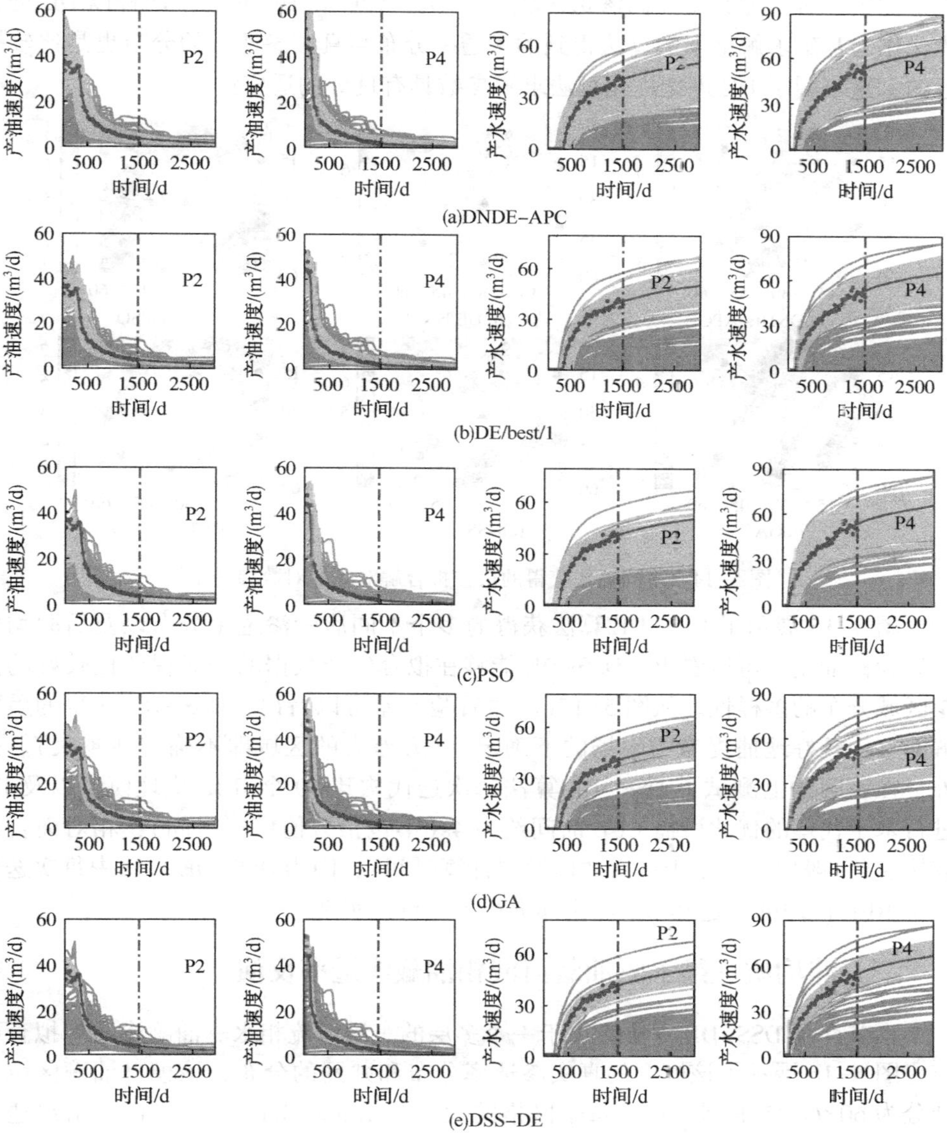

图 5-13 生产井 P42 和 P4 的 WOPR 和 WWPR 的拟合与预测结果

图 5-14 对比了 DNDE-APC、DE/best/1、PSO、GA 以及 DSS-DE 算法获得的最佳拟合渗透率场(目标函数值最小的解)。可以看出，DSS-DE 算法得到的渗透率场在高、低渗分布上与真实模型比较接近，尤其是在所有的生产井和注水井位置附近。而 PSO 算法和 GA 算法得到的渗透率场分布与真实渗透率分布之间的差别比较显著，尤其是在高渗透区域。DNDE-APC 和 DE/best/1 两种以 DE 进化优化作为基础求解框架的算法得到的渗透率分布与真实渗透率的分布也是比较接近的，这表明了 DE 进化优化算法求解参数具有良好的适应性。

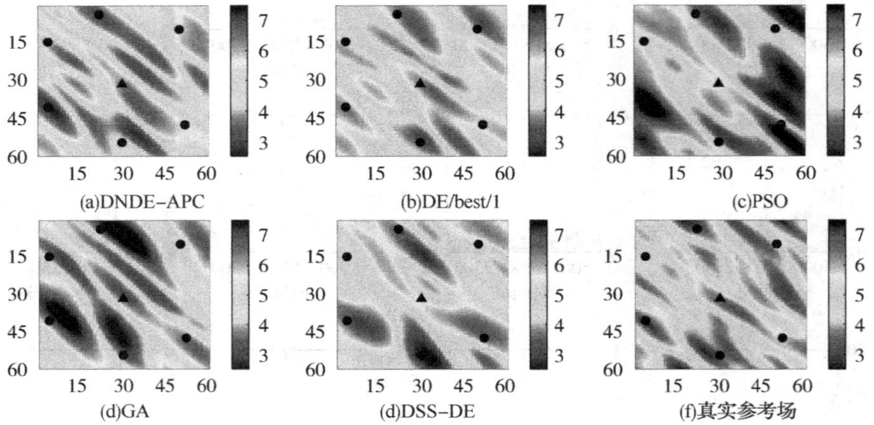

图 5-14　不同算法获得的最佳拟合解对应的对数渗透率场

图 5-15 展示了 DSS-DE 算法获得的多个不同后验渗透率分布以及后验均值和后验标准差。可以看出，DSS-DE 能够在拟合生产数据的同时保留比较好的高渗区域分布的多样性。从图 5-15(f)的后验方差可以看出，DSS-DE 获得的后验解能够比较好地捕捉渗透率场的不确定性(方差大的区域即不确定性越大)。另外，在该问题上测试了 DSS-DE 算法每次迭代构建 50 个 RBF 代理模型以及 DE 进行基于代理的优化所需 CPU 时间约为 4s(不包括数值模拟时间)，相对而言比较快速(一般地，远小于一次数值模拟计算时间)，因为 DSS-DE 算法中每次迭代多个 RBF 代理的构建和 DE 优化都进行了并行化实现。

三、非均质三维水驱油藏河流相油藏渗透率反演

本节介绍 DSS-DE 算法应用于一个多层的三维河流相水驱油藏渗透率拟合研究。图 5-16 展示了该模型的真实渗透率分布和井网的分布，该模型油藏区域被划分为 60×60×5 的网格块，每个网格的大小为 10m×10m×4m。该模型由渗透率分别为 5000mD 和 500mD 的高渗通道相和低渗背景相组成。两口注入井(I1～I2)和四口生产井(P1～P4)射孔贯穿所有层，两口注入井的目标 BHP 控制在 410bar，

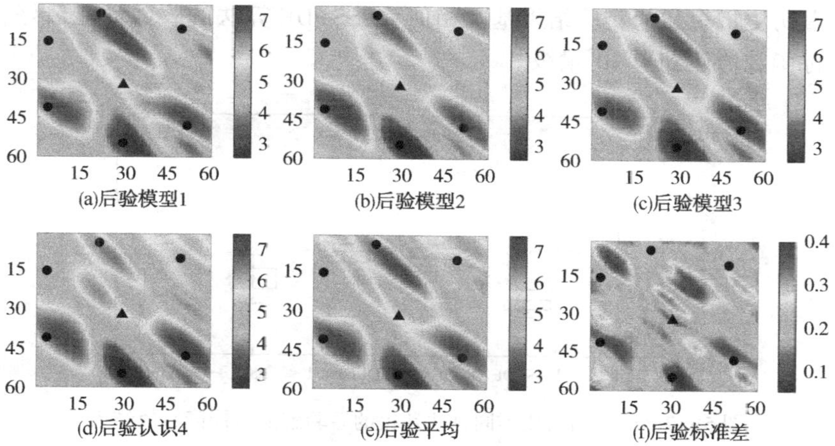

图 5-15 DSS-DE 算法获得的后验渗透率场拟合结果

所有生产井的 BHP 目标限制为 395bar。进行 1500 天的数值模拟(时间步为 30 天)，其中前 750 天作为历史拟合阶段，后 750 天作为生产预测阶段，历史拟合指标为所有生产井的 WOPR 和 WWPR。观测数据是通过真实模型数值模拟数据添加零均值的高斯噪声得到的，并且标准差设为模拟数据的 5%。

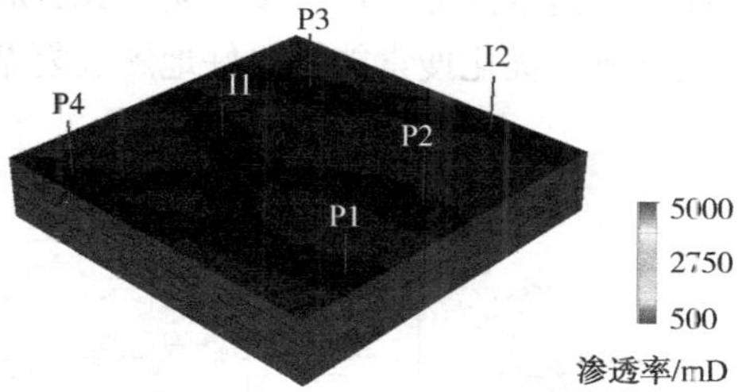

图 5-16 三维河流相油藏模型的真实渗透率场和井位分布

进行自动历史拟合之前需要训练 CVAE 模型，对于本节多层河流相油藏，CVAE 结构的设置参考第二章，低维潜变量维数设置为 100 以测试几种算法在高维拟合问题上的性能表现。利用地质统计建模软件 SGeMS 中的随机建模生成了 20000 个随机地质认识，其中 18000 个样本作为训练集，剩余 2000 个样本作为测试集。基于训练后的 CVAE 模型，分别采用 DSS-DE、DNDE-APC、DE/best/1、PSO 和 GA 等算法进行自动历史拟合求解。同样地，所有算法的初始解采用标准正态分布随机生成。为比较这些算法的收敛性和历史拟合结果，选择每种算法得到的前 100 个最优解作为历史拟合解(也称为后验解)。图 5-17 对比了 DSS-DE、DNDE-APC、DE/best/1、PSO 和 GA 算法在该问题上获得后验解的目标函数值以及随机初始解的目标函数值。可以看出，在该问题上几种算法的收敛性表现与二维油藏历史拟合数值实验结果基本相似。DSS-DE 算法的收敛性能最好，后验解的目标函数值达到了 10^2 量级。

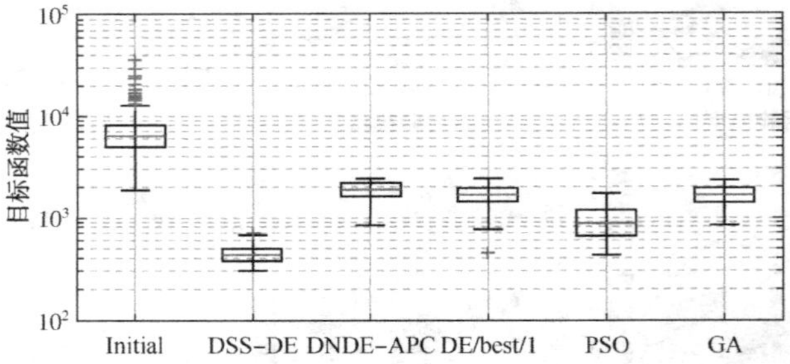

图 5-17　箱型图对比不同算法获得的后验解的目标函数值结果

图 5-18 在目标函数空间对比了 DSS-DE 算法和其他四种对比算法的收敛情况。可以看出，在这个问题上，其他四种算法的收敛性显著变差。具有河流相特征的渗透率场使得该问题的流动特性复杂，历史拟合目标函数的非线性更强。从种群的角度看，DNDE-APC、DE/best/1、PSO 和 GA 四种算法经过多次迭代都未曾达到收敛。而 DSS-DE 算法的目标函数值从 200 次目标函数评估之后就开始显著下降，展示出了更优越的搜索性能。进一步证明了充分利用搜索过程产生的数值模拟数据，构建代理模型驱动优化搜索能够更好地解决复杂的工程优化问题。

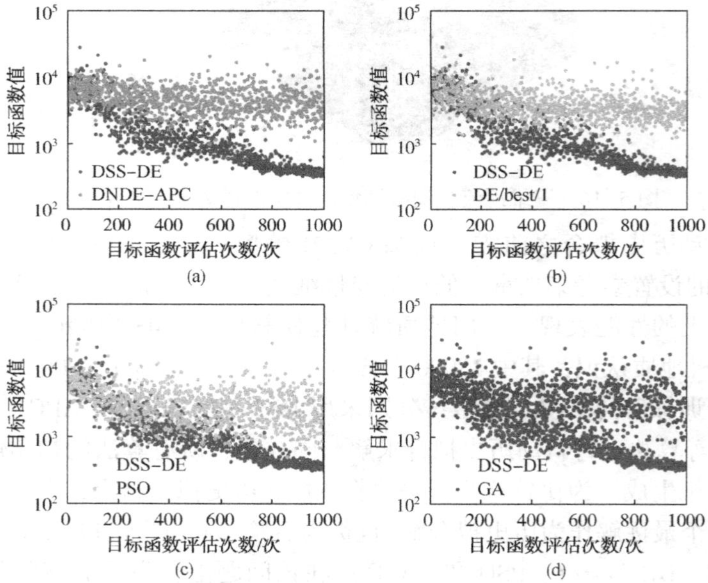

图 5-18　DSS-DE 与(a)DNDE-APC，(b)DE/best/1，(c)PSO 以及(d)GA 的收敛情况对比

图 5-19 展示了在该问题上代理模型性能的追踪曲线，可以看出，代理模型的预测精度随着优化的进行不断提升。但是在搜索初期，*RMSE* 曲线波动较大且下降幅度较小，这是由于该问题的拟合参数与流动数据之间的非线性关系更强，代理建模难度更大。

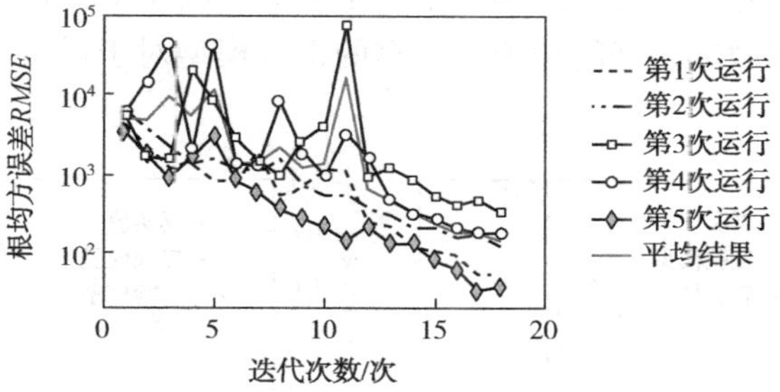

图 5-19 随迭代过程 DSS 代理系统的性能指标 *RMSE* 的变化情况

图 5-20 展示了 DSS-DE 算法获得的后验解的生产数据拟合和预测效果。由于其他四种算法没有收敛，因此没有进行对比。可以看出，在该问题上，DSS-DE 获得的后验解能够很好地捕捉生产观测数据的方差，在预测阶段能够做出较好的预测。这也间接表明 DSS-DE 算法获得后验解具有好的多样性。在 DSS-DE 中，构建多个代理模型能够逼近搜索空间的不同区域，并且在采样阶段使用置信下界方法兼顾采样的探索与挖潜，因此算法在快速收敛的同时具有较好的探索性。

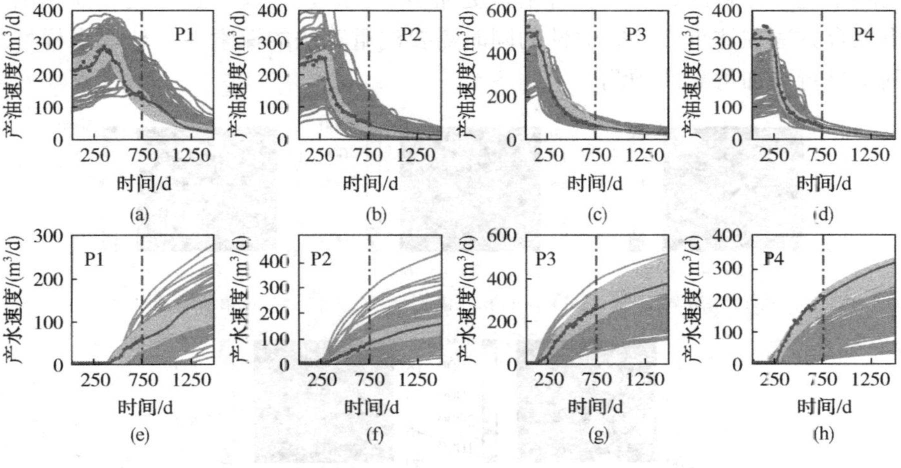

图 5-20 DNDE-APC 算法获得的后验解生产数据拟合和预测结果

图 5-21 展示了基于 DSS-DE 算法获得的后验模型进行生产预测不确定性量化的结果。图 5-21(a)是油田累积产油量的预测结果，可以看出后验模型的产油量预测曲线陡峭，曲线整体与真实值接近，相比于先验模型预测的产油量分布后验模型预测的不确定性显著降低。图 5-21(b)展示了油田累积产水量的预测结果，可以看到尽管先验模型的预测结果完全偏离了真实值，但是经过历史拟合之后，后验模型能够做出很好的预测。可靠的拟合模型对于后续生产优化、生产预测等至关重要。

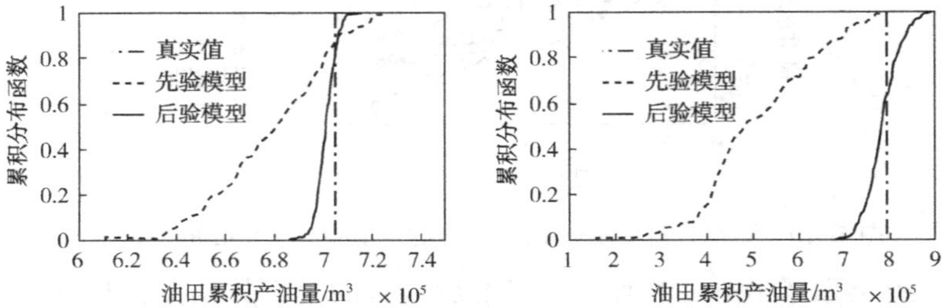

(a)累积产油量预测　(b)累积产水量预测

图 5-21　DNDE-APC 算法获得后验解的累积产量预测结果

图 5-22 和图 5-23 对比了真实模型和 DSS-DE 获得的最优后验模型(目标函数值最小的模型)的 5 层渗透率场分布。与真实渗透率场相比，后验模型的第 1 层、第 4 层、第 5 层渗透率分布基本能预测出井之间的连通性关系，第 2 层注水井处也能较好地做出预测。整体上看，该模型生产井都是射孔贯穿所有层的，存在层间干扰，导致渗透率的拟合结果更加多样、难以约束。这也更加反映出自动历史拟合方法在注重算法收敛性的同时需要注重算法的探索性，获取多样性的解有利于进行更加可靠的预测。

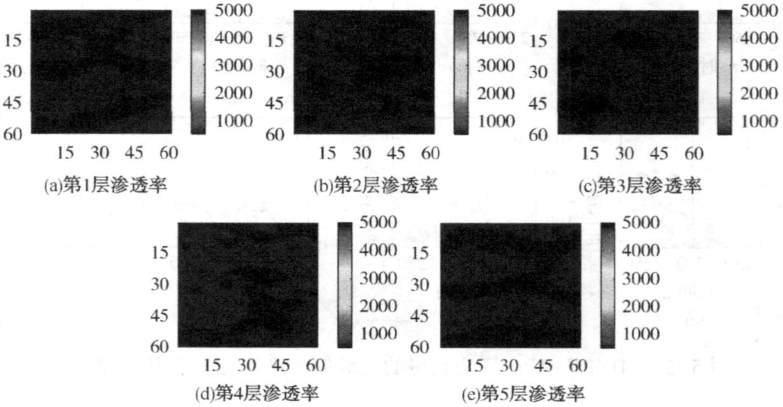

(a)第1层渗透率　(b)第2层渗透率　(c)第3层渗透率　(d)第4层渗透率　(e)第5层渗透率

图 5-22　真实油藏模型的每层渗透率分布

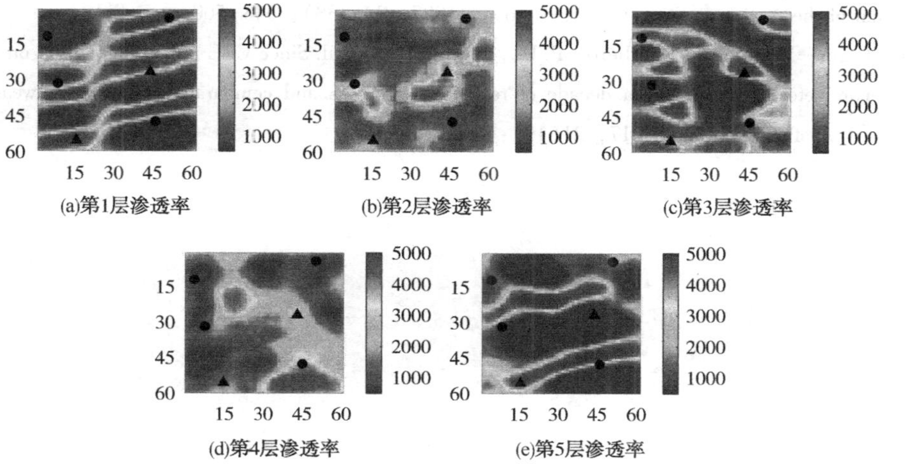

图 5-23　DSS-DE 算法最佳拟合解对应的每层渗透率分布

参　考　文　献

[1] Jin Y., Wang H., Chugh T., et al. Data-driven evolutionary optimization: an overview and case studies[J]. IEEE Transactions on Evolutionary Computation, 2019, 23(3): 442-458.

[2] Wang H., Jin Y., Sun C., et al. Offline data-driven evolutionary optimization using selective surrogate ensembles [J]. IEEE Transactions on Evolutionary Computation, 2019, 23 (2): 203-216.

[3] Chen G., Li Y., Zhang K., et al. Efficient hierarchical surrogate-assisted differential evolution for high-dimensional expensive optimization[J]. Information Sciences, 2021, 542: 228-246.

[4] Binois M., Ginsbourger D., Roustant O. Quantifying uncertainty on Pareto fronts with Gaussian process conditional simulations[J]. European Journal of Operational Research, 2015, 243(2): 386-394.

[5] Urquhart M., Ljungskog E., Sebben S. Surrogate-based optimization using adaptively scaled radial basis functions[J]. Applied Soft Computing, 2020, 88: 106050.

[6] Greenhill S., Rana S., Gupta S., et al. Bayesian optimization for adaptive experimental design: a review[J]. IEEE Access, 2020, 8: 13937-13948.

[7] Zhan D., Xing H. Expected improvement for expensive optimization: a review[J]. Journal of Global Optimization, 2020, 78(3): 507-544.

[8] Zhou Z., Wu J., Tang W. Ensembling neural networks: Many could be better than all [J]. Artificial Intelligence, 2002, 137(1): 239-263.

[9] Efron B., Tibshirani R. Improvements on cross-validation: the 632+ bootstrap method[J]. Journal of the American Statistical Association, 1997, 92(438): 548-560.

[10] García-Martínez C., Gutiérrez P. D., Molina D., et al. Since CEC 2005 competition on real-parameter optimization: a decade of research, progress and comparative analysis's weakness [J]. Soft Computing, 2017, 21(19): 5573-5583.

第六章　基于递归神经网络代理模型的离线拟合求解方法

基于数据驱动进化优化的自动历史拟合求解方法能够通过利用优化过程产生的油藏数值模拟数据构建代理模型增强优化求解的效率。然而，传统机器学习方法如前文所介绍的径向基函数代理模型仅能建模决策变量(反演参数)到历史拟合目标函数之间的简单映射关系，将数值模拟得到的生产数据压缩为单一的目标函数指导反演参数的更新损失了大量信息。为进一步提高自动历史拟合求解效率，本章介绍如何基于深度学习方法研究构建代理模型，增强对油藏数值模拟数据的充分利用。具体地，本章介绍一种基于向量到序列的多层递归神经网络代理模型应用于自动历史拟合求解，它能够根据反演参数直接预测生产数据。另外，针对自动历史拟合生产数据分布以及时间序列特点介绍一种基于对数变换的时间加窗归一化处理方法，增强生产数据的可学习性。多层递归神经网络代理模型与多模态分布式估计算法相结合形成一种离线的自动历史拟合求解流程，即拟合优化求解之前并行计算油藏数值模拟构建数据集用于建立高精度的代理模型，拟合求解过程中完全使用代理模型引导算法搜索更新参数，实现了算法、并行计算以及数据之间高效协同利用。

第一节　递归神经网络模型

近年来，随着深度学习理论与方法在图像、自然语言处理等多个领域取得引人瞩目的突破性应用[1-3]，在科学和工程领域也引起了广泛关注。深度学习方法在自动历史拟合领域也得到大量应用，例如使用深度生成模型进行高维参数场的降维研究、深度卷积神经网络对油藏数值模拟进行代理建模。对于代理建模任务，与传统的机器学习模型如高斯过程、径向基函数等相比，深度学习模型能够进行深层特征提取和表征学习，建模能力更强，而传统机器学习模型的代理预测性能往往随着决策变量维数的增加而显著下降。本章研究使用递归神经网络构建从反演参数到生产数据的代理模型，进一步增强对油藏数值模拟数据的利用从而提升自动历史拟合优化求解的效率。

递归神经网络(RNN)是一种经典的序列建模模型[4]，在科学和工程领域被广泛研究和应用，它的改进及变体主要包括长短期记忆神经网络(LSTM)和门递归单元神经网络(GRU)。以石油工程领域为例，Chen 和 Zhang[5]研究并改进长短期记忆神经网络(LSTM)应用于补齐和生成测井曲线；Song 等[6]研究基于 LSTM 模型的单井产量预测方法；Fan 等[7]将 LSTM 模型与传统的自回归综合移动平均模型结合构建混合模型预测油井的产量。递归神经网络是一种反馈型神经网络模型，对于处理时间序列特征数据具有独特优势。将神经元的输出反馈作为输入信号使得 t 时刻的计算输出不仅与 t 时刻的输入信号有关，还与 $t-1$ 时刻的隐藏层状态有关：

$$h_t=\tanh(\omega_i x_t+b_i+\omega_h h_{t-1}+b_h) \tag{6-1}$$

$$o_t=f(\omega_o h_t+b_o) \tag{6-2}$$

式中，h_t是 t 时刻的隐藏状态；$\tanh(\cdot)$表示双曲正切激活函数；x_t是 t 时刻的输入信号；h_{t-1}是 $t-1$ 时刻的隐藏状态；ω 和 b 分别表示权重向量和偏置向量，下标 i、h 以及 o 分别表示输入层、隐藏层以及输出层；o_t 是 t 时刻的输出。

图 6-1 展示了典型的 RNN 模型网络结构。可以看出，RNN 模型通过在时间序列上共享网络参数，利用隐藏状态的传递建模序列间的依赖关系，能够有效地处理具有时间动态变化的序列信号。RNN 在时间序列上共享网络参数使得模型能够处理扩展到任意长度的序列，并且使得模型的训练参数大幅度减少，提升了网络的可训练性。

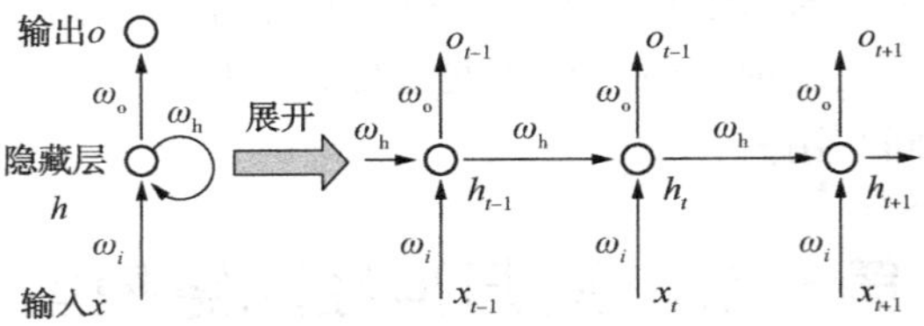

图 6-1　递归神经网络结构示意图

近年来，研究表明，神经网络模型可通过增加层数(提升网络模型的深度)提高对复杂数据进行特征提取和学习的性能。深层的 RNN 模型在自然语言处理领域取得了许多重大的应用突破，其中最重要的工作之一就是序列到序列的编码-解码建模框架(seq2seq)，被广泛应用于机器翻译、对话模型、语音识别等。基于 seq2seq 的深度学习模型框架[8-11]能够将输入的序列编码为隐藏状态向量(seq2vec)，然后从隐藏状态向量解码到输出序列(vec2seq)。编码器和解码器是由多层递归神经网络构成的深度网络。另外典型的 RNN 模型递归单元通常是双曲正切函数，对于长序列学习会出现梯度消失或梯度爆炸问题，因此通常采用长短期记忆神经递归单元(LSTM)或门递归单元(GRU)。

第二节 多层门递归单元代理模型

一、向量到序列的深度学习建模框架

在自动历史拟合优化求解中需要根据反演参数运行数值模拟获得相应的生产数据计算目标函数进行迭代更新，是优化求解中计算最为耗时的环节。从反演参数到生产数据构建代理模型是一个具有挑战性的任务，两者之间的映射关系具有强非线性。以高维地质不确定性参数场反演为例，反演参数一般是高维地质参数场的低维表征，需要经过地质参数场重构和油藏数值模拟环节才能计算得到相应的生产数据。本节介绍一种基于向量到序列建模框架(vec2seq)构建的多层递归神经网络代理模型，同时介绍一种根据自动历史拟合问题中生产数据分布特点设计的生产数据归一化处理方法，增强生产数据的可学习性。

考虑根据以油、气、水等生产井或注入井的生产历史作为观测动态 $d_{obs} \in R^{T\times N_d}$ 的自动历史拟合问题，其中观测时间点(时间步)为 T 个，观测指标(如某一口生产井的产油速度)有 N_d个，则自动历史拟合求解中，需要根据反演参数 $m \in R^{N_m}$ 运行历史阶段的数值模拟计算相应的生产数据 $y \in R^{T\times N_d}$。油藏数值模型的不确定性参数主要考虑储层地质属性如渗透率、孔隙度等，结合本书第二章高维地质参数场的降维重构方法，反演参数为降维后的低维变量 $z \in R^{N_z}$。从降维变量到生产数据之间的代理建模任务如下所示：

$$F: R^{N_z} \rightarrow R^{T\times N_d} \tag{6-3}$$

式中，F 表示代理模型输入和输出之间的映射；N_z 是地质参数降维后低维变量的维数。

式(6-3)的代理建模任务中输入是向量类型数据，而预测输出是典型的时间序列数据，这种回归任务不同于传统的时间序列建模，是从向量到序列的。传统的时间序列预测是依据序列预测，例如在单井产量预测中是利用前若干个时间步的序列数据预测之后若干个时间步的序列。以往的研究表明单层 RNN 模型对于这种常规预测任务可以取得很好的结果。但油藏数值模拟的代理建模是通过低维特征向量预测时间序列的生产数据，二者之间的映射是复杂的非线性关系，因此使用深层堆叠结构对输入特征进行深度提取和表征，多层堆叠结构可以显著地提升神经网络模型的表征学习能力。

二、代理模型结构

多层门递归单元代理模型，记作 MLGRU，结构如图 6-2 所示。该模型由多层递归神经网络组成，其中基本递归单元采用 GRU 结构。首先将降维变量 z 沿时间轴进行扩展作为每个时间步生产数据预测的输入特征。生产数据 y 在时间轴上展开可以表达为 T 个 N_{d} 维的向量即 $y=\{y_i \in R^{N_{\mathrm{d}}} \mid i=1，2，\cdots，T\}$，$y_i$ 包含了每个时间步上的所有拟合指标，扩展 z 到每个时间步进行预测可以增强对输入特征的利用效率。

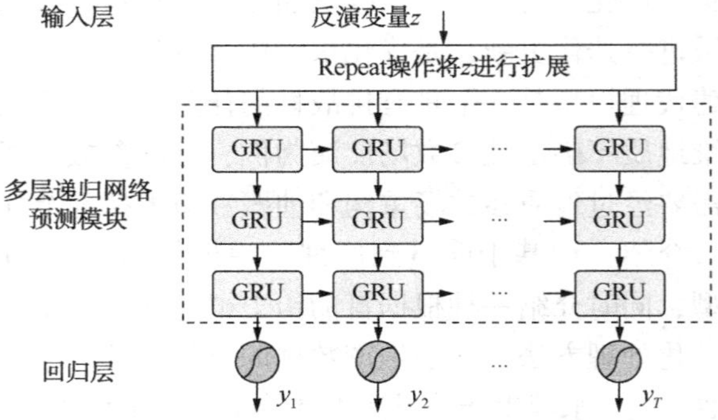

图 6-2　MLGRU 代理模型结构示意图

之后，使用多层递归网络作为特征处理模块，将输入的特征 z 经过多层变换映射为可用于预测生产数据 y_i 的高层级(high-level)抽象特征。图 6-2 展示了多层递归神经网络中递归单元 GRU 结构原理，它通过使用更新门和复位门调节输入的序列信息，能够自适应地捕获时间序列数据之间复杂的依赖关系。根据当前时刻输入特征 x_t 和上一时刻的隐藏状态 h_{t-1}，GRU 结构首先计算复位门 r_t 和更新门 u_t，如下所示：

$$r_t=\sigma(W_{\mathrm{r}}x_t+V_{\mathrm{r}}h_{t-1}) \tag{6-4}$$

$$u_t=\sigma(W_{\mathrm{u}}x_t+V_{\mathrm{u}}h_{t-1}) \tag{6-5}$$

式中，σ 表示 logistics 型激活函数；W_{r}、V_{r}、W_{u} 和 V_{u} 表示可学习的权值矩阵。

然后，根据当前时刻输入特征 x_t、上一时刻隐藏状态 h_{t-1} 以及复位门 r_t 计算临时隐藏状态 $\tilde{h}_t$，如下所示：

$$\tilde{h}_t=\tanh[Wx_t+V(r_t \odot h_{t-1})] \tag{6-6}$$

式中，W 和 V 是可学习的权值矩阵；$\odot$ 表示向量之间点乘操作。最后，根据前一时刻隐藏状态 h_t 和临时隐藏状态 $\tilde{h}_t$ 的加权平均计算当前时刻的隐藏状态 h_t：

$$h_t=u_t h_{t-1}+(1-u_t)\tilde{h}_t \tag{6-7}$$

可以看出，GRU 结构中复位门 r_t 用于自适应地忘记之前的隐藏状态并使用当前输入重置信息；而更新门 u_t 用于调节上一时刻信息和当前时刻信息占当前时刻最终输出结果的比例，只保留部分上一时刻隐藏状态的信息到当前隐藏状态。GRU结构使用门机制对时间序列数据相关性进行紧凑表示，能够避免长时间序列建模时出现梯度消失或梯度爆炸问题。

在使用多层堆叠递归神经网络之后，MLGRU 模型使用一层在时间上分布展开的全连接层作为回归层预测生产数据 $y=\{y_1, y_2, \cdots, y_T\}$。其中全连接层使用双曲正切激活函数与 GRU 结构输出的隐藏状态保持一致，每个时间步全连接层对应的神经元数量为 y_i 的维数 N_d，使用全连接层作为最终输出层能够使得预测更加精准。

三、代理模型训练损失函数和性能评价指标

合适的损失函数对于神经网络模型的训练和学习至关重要，回归任务基础的损失函数有均方误差（MSE）和平均绝对误差（MAE）。另外，还有针对 MSE 和 MAE 的优缺点进行改进的一些损失函数，例如 Huber 损失函数。本研究使用 MAE 损失函数，定义如下所示：

$$L_{\mathrm{MAE}}=\frac{1}{N\cdot T\cdot N_{\mathrm{d}}}\sum_{j=1}^{N}\sum_{i=1}^{T}\sum_{k=1}^{N_{\mathrm{d}}}\left|F_i^j(k)-y_i^j(k)\right| \tag{6-8}$$

式中，L_{MAE}表示损失函数值；N 表示样本数量；$F_i^j(k)$ 表示第 j 个样本 i 时刻生产数据第 k 维的预测结果。

MAE 损失函数除在误差为 0 处不可到之外，其余误差情况下的梯度都是 1，即使出现异常样本，梯度稳定使得训练过程稳健。而自动历史拟合求解时，反演参数与生产数据之间的强非线性关系导致容易出现少数异常样本，因此本研究代理模型的训练选择使用 MAE 损失函数。

为了在训练过程监测、训练之后评价代理模型的回归效果，需要使用一些性能评估指标。回归任务常用的性能评估指标有决定系数、均方根误差、残差标准误差、平均绝对误差以及相对误差等，本研究使用决定系数 R^2、均方根误差 *RMSE* 作为代理模型性能评估指标，定义如下所示：

$$R^2=1-\frac{\sum_{j=1}^{N}\sum_{i=1}^{T}\sum_{k=1}^{N_{\mathrm{d}}}\left\|F_i^j(k)-y_i^j(k)\right\|_2^2}{\sum_{j=1}^{N}\sum_{i=1}^{T}\sum_{k=1}^{N_{\mathrm{d}}}\left\|y_i^j(k)-\bar{y}_i^j(k)\right\|_2^2} \tag{6-9}$$

$$RMSE=\sqrt{\sum_{j=1}^{N}\sum_{i=1}^{T}\sum_{k=1}^{N_{\mathrm{d}}}\left[F_i^j(k)-y_i^j(k)\right]^2} \tag{6-10}$$

式中，$\bar{y}$ 表示所有样本的生产数据平均值。

决定系数 R^2 用于度量预测结果接近真实数据的程度或者两者之间的相关性，当 R^2 越接近 1 时，说明预测结果越接近真实数据；均方根误差 *RMSE* 可以度量预测结果与真实数据之间的平均误差，*RMSE* 越小，说明预测结果越好。

四、生产数据归一化方法

在使用机器学习方法建模时数据的重要性不可忽视。本节以本章第三节数值实验第一个例子对自动历史拟合问题中生产数据的特点和处理方法进行说明。自动历史拟合求解是在先验范围内进行模型参数调整然后进行历史阶段的油藏数值模拟。一方面，先验生成的模型具有一定的相似性；另一方面，数值模拟时除需要调整的不确定性参数外，其余模拟参数是采用同样的确定值，例如油水井的生产制度。这导致在先验范围内对不确定性参数进行采样并运行数值模拟构建出的样本中生产数据非常容易产生聚集现象，图 6-3 展示了样本集中随机选取的 100 个样本对应的部分生产数据(5 口井在历史阶段的产油速度)。

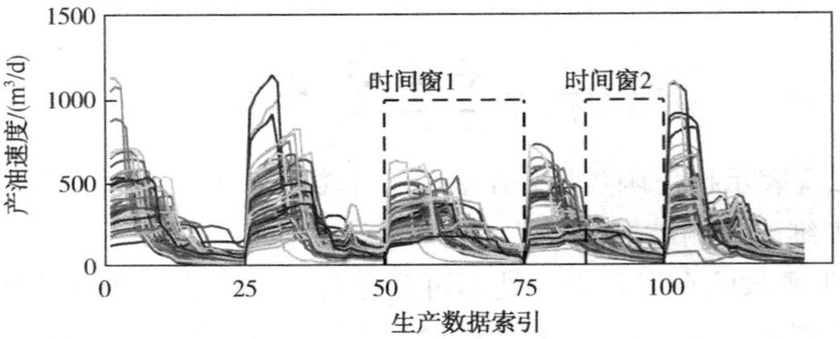

图 6-3　生产数据曲线特点说明以及时间窗示意图

可以看出生产数据之间具有非常强的相似性，特征难以区分，机器学习建模时容易产生混淆。另外，也可以看到存在数据分布不平衡现象，以索引在 75~100 数据为例，明显存在两类生产数据变化趋势，一类初始产油量较高，另外一类初始产油量较低，而大部分聚集在较低的部分，这种数据分布不平衡容易导致机器学习建模时产生偏差。另外，生产数据是典型的时间序列数据，在生产过程中可能进行生产制度的调整导致不同时间阶段生产数据的变化趋势明显不同，因此数据处理时需要尽可能地保留原始序列的变化趋势。直接使用传统的归一化方法如全局最大最小归一化会导致生产数据特征的失真。本节根据生产数据的以上两点特征设计相应的生产数据归一化处理方法，记作 LTWN。LTWN 方法包括两步，首先是对生产数据作对数变换，如下所示：

$$Ly = \log(y+1) \tag{6-11}$$

式中，Ly 表示生产数据取对数的结果。

一般情况下，生产数据 y 都是大于或等于 0 的，因此添加常数 1 以避免发生数值错误。对数变换是数据处理中常用的方法之一，它能够使生产数据的分布特征更明显，增强生产数据特征，还能够使得生产数据发生突变时特征更加明显（例如生产井的含水突破）。

其次是进行时间窗口划分，即在时间轴上对生产数据进行分割划分多个时间窗，每个时间窗尽可能要保持生产数据在时间轴上的变化趋势。图 6-3 展示了两种不同大小的时间窗口，时间窗体的大小 T_w 需要满足 $T_w \leq T$，即至少是以每个生产指标作为时间窗口进行归一化。具体可根据生产数据随时间变化特征自定义 T_w 的大小，即数据变换后的生产数据被划分为：

$$Ly = \{Ly_1,\ Ly_2,\ \cdots,\ Ly_{N_d \times N_w \times T_w}\} \tag{6-12}$$

式中，N_w 表示划分时间窗的个数，满足 $N_w T_w = T$。

在本章数值实验中时间窗统一简单地取 $T_w = T$，$N_w = 1$。然后对划分后的每段数据使用最大最小归一化方法进行处理：

$$NLy_i = 2 \times \left[\frac{Ly_i - Ly_{\min}}{Ly_{\max} - Ly_{\min}}\right] - 1 \tag{6-13}$$

式中，$Ly_{\max}$ 和 $Ly_{\min}$ 分别是 Ly_i 在时间窗口 T_w 内所有训练样本的最大值和最小值。

可以看出，经过归一化后生产数据的范围为 -1～1，这与双曲正切激活函数的输出范围一致。图 6-4 展示了对一口生产井的产油速度进行归一化处理的过程和对比。图 6-4(a) 展示了未经处理的生产数据，可以看出生产数据由于相似性容易混淆，尤其是在生产时间位于 500 天之后的部分。图 6-4(b) 取了其中 3 个生产数据样本进行说明，可以看到数据样本 1 代表的是在原数据集中分布较少的样本，而数据样本 2 和数据样本 3 代表原数据集分布中占优的部分，而且数据样本 2 和数据样本 3 之间变化非常相似。图 6-4(c) 展示了不使用对数变换只使用基于时间窗口的最大最小归一化的结果，可以看到，数据样本 2 和数据样本 3 被挤压在了一起，而数据样本 1 的后半部分特征也容易与其他两个样本混淆。并且可以看到这 3 个样本归一化后的数值都在 0 以下，这是因为该生产指标的时间窗内存在数值上较大的少量样本，将大量样本挤压在了一起难以有效学习。图 6-4(d) 展示了使用本节提出的 LTWN 归一化方法的生产数据处理结果，可以看到 3 个生产数据样本区分更加明显，使用对数变换可以增强数据特征，这有利于代理模型的学习和训练。

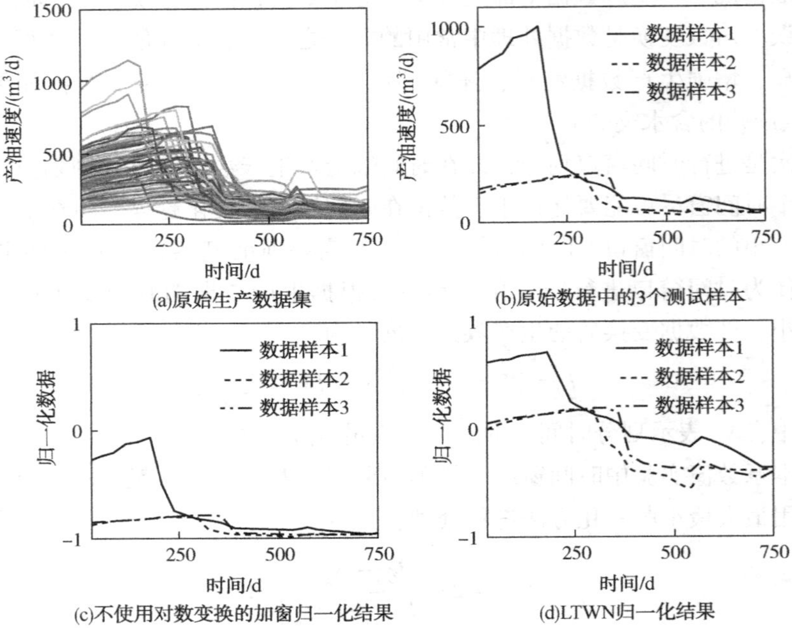

图 6-4　生产数据归一化效果说明

第三节　基于代理模型的自动历史拟合优化求解方法

一、基于 MLGRU 代理模型的离线自动历史拟合方法

基于深度神经网络代理模型 MLGRU 结合多模态分布式估计算法 MEDA 建立一种离线的自动历史拟合优化求解流程，如图 6-5 所示。MLGRU 模型替代了自动历史拟合优化求解时储层地质属性参数重构和油藏数值模拟计算过程，能够根据更新调整后的降维变量快速预测相应的生产数据，完全释放优化求解算法的搜索能力。本书第三章介绍了 MEDA 算法作为一种多模态进化优化方法具有分布式的收敛能力，能够在单次运行中同时搜索获取多个全局最优解或接近的次优解。使用 MLGRU 代理模型结合 MEDA 算法进行离线的自动历史拟合优化求解，在优化求解前并行计算采样数值模拟构建数据集训练代理模型，基于深度递归神经网络方法构建的代理模型具有全局预测能力，在求解过程中无须进行数值模拟和代理更新，完成优化求解之后获得后验样本并运行数值模拟进行拟合结果分析。

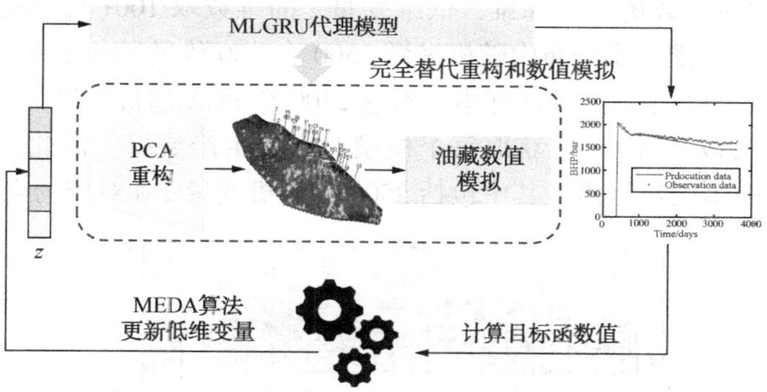

图 6-5　基于 MLGRU 代理模型的自动历史拟合求解流程

本节通过两个非均质水驱油藏模型数值实验对 MLGRU 代理模型和离线自动历史拟合求解流程进行验证分析。所有数值实验中使用单个内存为 32GB 的 Nvidia Tesla V100 GPU，神经网络模型基于 TensorFlow 开源框架构建。根据多次实验确定了训练 MLGRU 模型的迭代次数(epoch)和批大小(batch size)分别为 100 和 16。

二、数值实验 1：高斯随机场模型

对一个二维非均质水驱油藏模型进行数值实验，真实渗透率场分布和井网布置如图 6-6 所示。该油藏模型被离散为 60×60 的网格块，每个网格块的大小为 10m×10m，油藏厚度为 4m。油藏井网由 4 口注水井和 9 口生产井组成，所有井的生产制度都是控制井底压力(BHP)达到设定的目标，并且随生产过程进行动态调整，如图 6-7 所示。该模型的历史拟合阶段有 25 个时间步，每个时间步长间隔为 30 天。历史观测数据由所有生产井的产油速度(WOPR)和产水速度(WWPR)组成，通过对真实模型的数值模拟结果添加均值为零的高斯噪声得到，其中高斯噪声的标准差设为模拟数据的 5%。因此，该实验中，MLGRU 代理模型需要预测的生产数据有 25 个时间步，每个时间步的生产数据为具有 18 个特征的向量(9 口生产井的 WOPR 和 WWPR)。

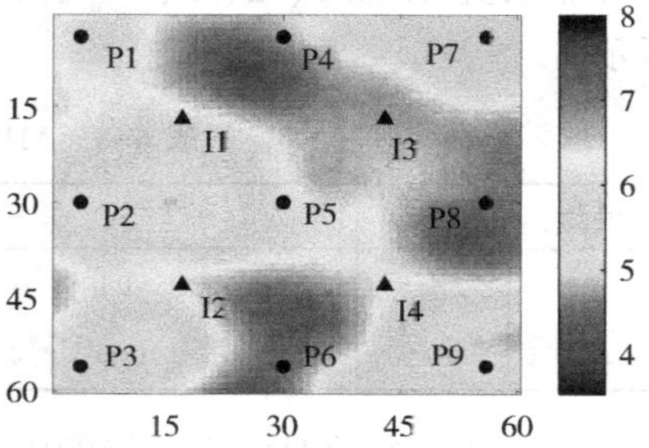

图 6-6　二维油藏模型的真实对数渗透率场分布以及井网布置

在进行自动历史拟合求解前，需要构建样本数据集：首先，使用斯坦福地质建模软件 SGeMS 中的序贯高斯随机建模方法生成 100 个先验随机渗透率场，并利用主成分分析（PCA）方法对参数场进行降维，低维变量 z 的维数取 100（与先验模型数量相同）；其次，从标准正态分布中随机采样 2500 个 100 维的随机变量 z，根据 PCA 方法随机生成 2500 个渗透率场样本；对这 2500 个 PCA 随机渗透率场样本运行油藏数值模拟（可以并行计算）获取每个模型对应的生产数据。据此，可获得一个含有 2500 个样本的数据集，其中包括 2500 个随机变量 z 和对应的生产数据 y。

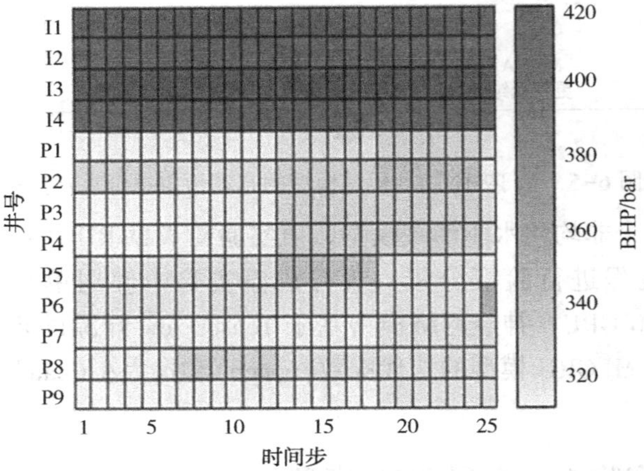

图 6-7　历史拟合阶段不同井的井控参数变化

1. 代理模型性能分析

对提出的 MLGRU 代理模型的性能进行实验验证和分析，实验数据集中有 2500 个数据样本，按照 0.8∶0.1∶0.1（2000∶250∶250）的比例将数据集分为训练集、验证集和测试集。首先，使用训练集和验证集对模型的超参数进行确定。MLGRU 模型中需要确定的超参数包括递归神经网络层数 N_l 和 GRU 结构中的神经元数 N_u，为方便起见模型中所有 GRU 使用相同结构。两个超参数分别设置了三种可能取值（N_l 取 1、2、3；N_u 取 100、500、1000），共 9 种超参数组合如表 6-1 所示。

表 6-1　MLGRU 模型的超参数组合

组合	1	2	3	4	5	6	7	8	9
N_l	1	1	1	2	2	2	3	3	3
N_u	100	500	1000	100	500	1000	100	500	1000

为验证超参数对模型性能的影响，使用 500 个训练样本对代理模型进行训练（避免训练数据增加带来的性能提升），基于验证集样本对计算性能指标 R^2 进行评估。图 6-8 对比了使用不同超参数组合的模型性能评估结果。

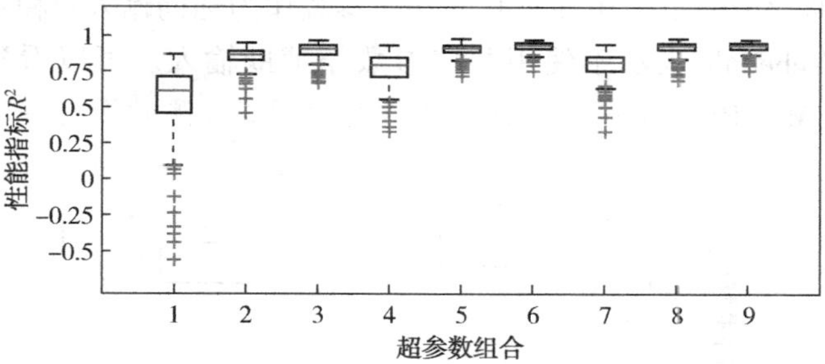

图 6-8　MLGRU 模型的超参数组合交叉检验结果

由图 6-8 可以得出以下结论：(1) MLGRU 模型的预测性能随着递归神经网络层数的增加而增加，以超参数组合 1、4、7 为例，GRU 结构相同但递归神经网络层数从 1 增加到 3。组合 1 采用了单层递归神经网络，预测结果的 R^2 差异最大；组合 7 采用了 3 层网络结构，在验证样本上表现出较好的预测性能，表明使用多层神经网络结构可以提高递归神经网络预测的稳健性。(2) 对比递归神经网络层数相同但是 GRU 结构中神经元数目不同的组合 1、2、3，可以看出增加神经元数目可以显著提高模型的预测性能。(3) 增加神经网络层数和神经元数带来的性能提升幅度会下降，组合 1、2、3 中神经元数分别为 100、500、1000，神经元数从 100 增加到 500 性能提升幅度远大于从 500 增加到 1000。而增加层数和神经元数会增加训练参数数量导致训练效率降低。综合以上分析确定出最优模型超参数组合为组合 9，将在后续实验中采用。

图 6-9 对比说明了本文提出的 LTWN 生产数据归一化方法对 MLGRU 代理模型性能的影响。本实验同样采用 500 个训练样本，250 个验证样本，其中 MLGRU/LTWN 表示不使用对数变换，仅使用基于时间窗口的归一化方法。可以看到 MLGRU 的预测性能显著好于 MLGRU/LTWN 方法，表明使用对数变换进行处理能够有效地提升生产数据的预测精度，数据处理方法在该问题上起到的作用不可忽视。

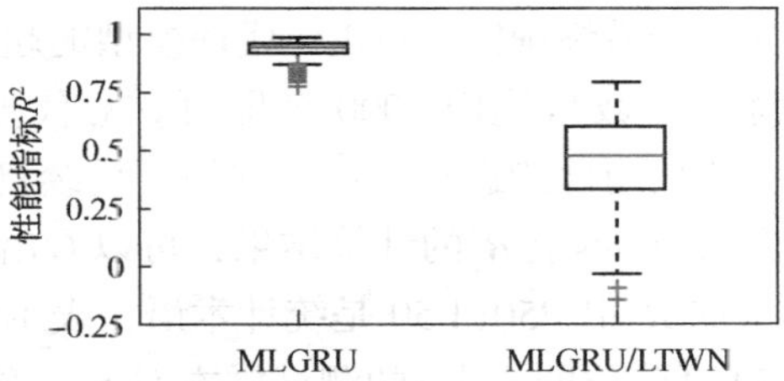

图 6-9　LTWN 归一化方法对 MLGRU 模型性能的影响

图 6-10 对比说明了使用油水井的井控参数作为辅助输入对模型性能的影响，其中 MLGRU/schedule 表示不使用井控参数作辅助输入。可以看到，MLGRU 的性能略微优于 MLGRU/schedule，井控参数的使用对预测效果有一定的提升作用。

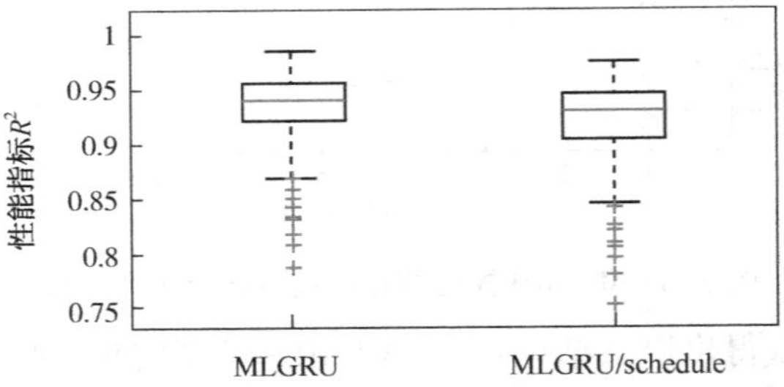

图 6-10　使用井控参数作为辅助输入对 MLGRU 模型性能的影响

图 6-11 验证了使用不同数量的训练样本对代理模型预测性能的影响，分别使用 500、1000、1500 和 2000 个训练样本进行训练，并使用验证集进行性能评估。可以看到，MLGRU 代理模型仅需要 500 次油藏数值模拟计算，得到的代理模型预测性能 R^2 就能达到 0.92 以上；代理模型的预测性能随着训练样本数量的增加而提高，并且模型性能的提升幅度随着样本量的增加而降低。

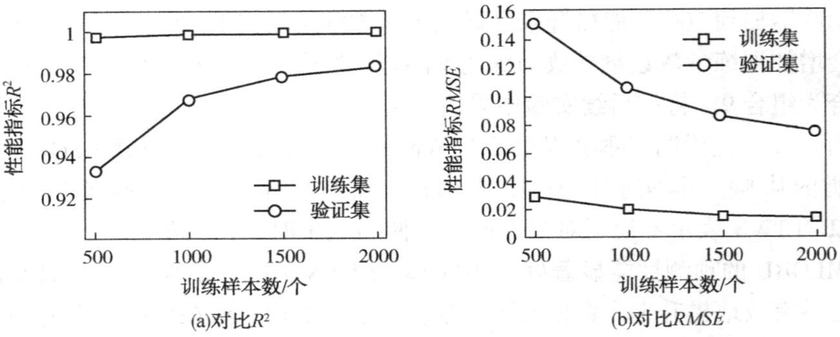

图 6-11　使用不同数量的训练样本对 MLGRU 模型性能的影响

基于以上实验和分析，最终确定 MLGRU 代理模型的超参数使用表 6-1 中的第 9 组参数组合，训练样本数量使用 1000 个即可。对代理模型进行重新训练，使用测试集对代理模型的预测性能进行测试，并用于后续自动历史拟合优化求解中。图 6-12 展示了在测试样本上 R^2 的计算结果，可以看出大多数测试样本的 R^2 在 0.96~0.98 之间。选取 R^2 中 P50（P50 是统计术语，表示将所有测试样本的 R^2 进行排序，然后取第 50 百分位的样本）的测试样本对比生产数据的代理模型预测结果与数值模拟结果，图 6-13 展示了 P50 测试样本对应的渗透率分布。

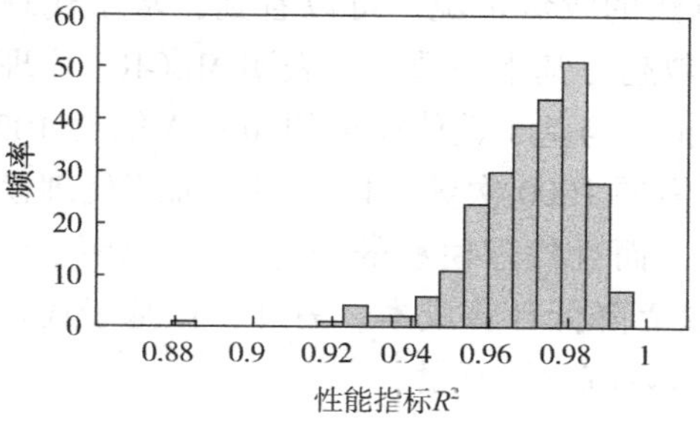

图 6-12　MLGRU 模型在测试样本上性能指标 R^2 分布结果

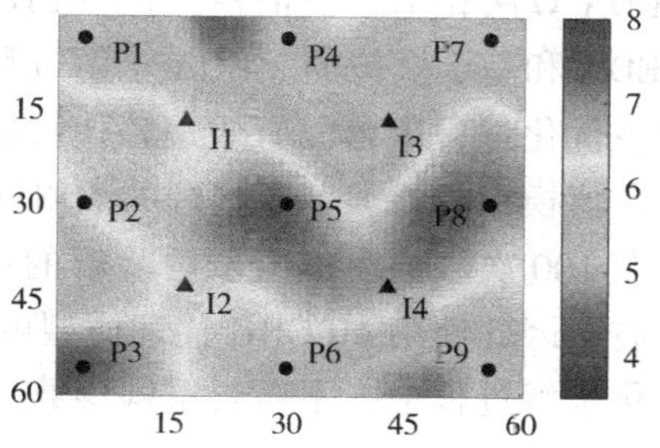

图 6-13　P50 测试样本的渗透率场

图 6-14 展示了 P50 测试样本的生产数据预测结果和数值模拟结果，图中灰色曲线表示数值模拟结果，带圆圈的曲线表示 MLGRU 代理模型的预测结果。可以看到预测结果与数值模拟数据保持了很好的一致性，特别是在生产指标发生变化的拐点处也能做出较好的预测。

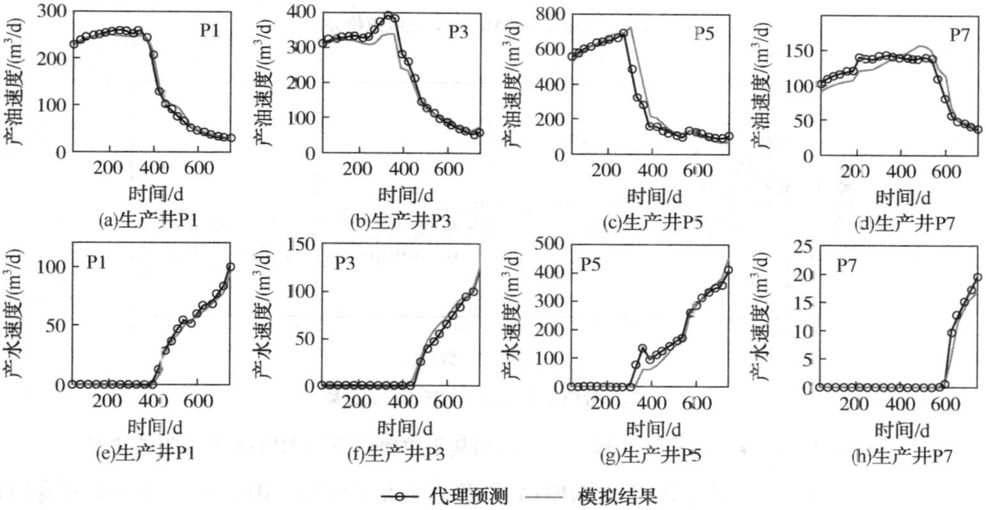

图 6-14　MLGRU 模型在 P50 测试样本上的生产数据预测结果和数值模拟结果

2. 基于代理模型的自动历史拟合结果分析

基于训练好的 MLGRU 代理模型结合 MEDA 算法进行自动历史拟合优化求解，在本实验中，MEDA 算法的种群大小和迭代次数均设置为 100，意味着需要进行 10000 次目标函数评估，并且使用基于数值模拟的 MEDA 算法作为对比(需要 10000 次数值模拟)。图 6-15 在目标函数空间比较了基于 MLGRU 代理的

MEDA 算法和基于数值模拟的 MEDA 算法的收敛情况。可以看到，基于代理的 MEDA 和基于模拟的 MEDA 求解过程收敛趋势基本一致。这表明 MLGRU 代理模型在优化过程中可以有效地替代数值模拟。与基于数值模拟的 MEDA 需要 10000 次数值模拟相比，基于代理的 MEDA 只需要 1000 次数值模拟用于训练代理模型以及 100 次数值模拟用于后验解的评估，而且代理模型的训练过程只需要 5min 左右，因此使用 MLGRU 代理模型可以显著降低计算成本。另外，在基于代理的优化求解过程中，不需要重构参数场也可以减少计算量。

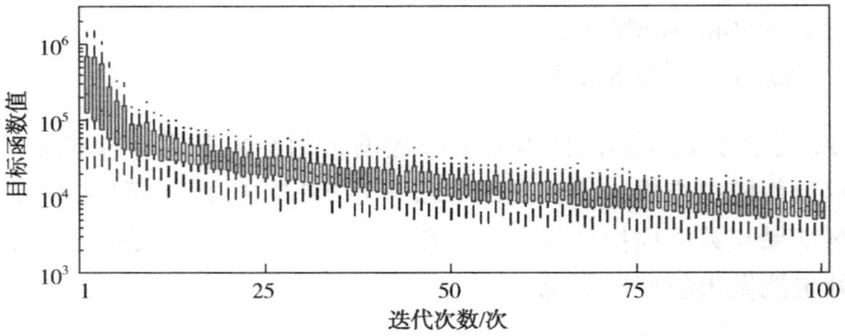

(a)基于代理模型的MEDA算法收敛趋势

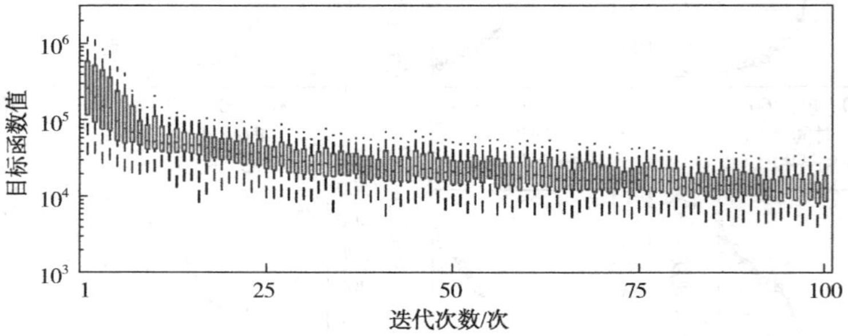

(b)基于数值模拟的MEDA算法收敛趋势

图 6-15　二维油藏模型上基于代理的和基于数值模拟的 MEDA 算法收敛情况

图 6-16 展示了基于代理的 MEDA 和基于数值模拟的 MEDA 的最终后验解的前 15 个变量分布结果。可以看出这两种方法得到的后验解分布大体上是相似的，进一步证明了代理模型能够有效替代数值模拟进行优化求解。图 6-17 对比了随机初始解、基于代理的以及基于模拟的 MEDA 获得的后验解目标函数数值。相比于初始解的目标函数数值，两种求解方法得到的后验解的目标函数数值明显降低。与基于模拟的 MEDA 后验解相比，基于代理的 MEDA 目标函数数值更小。结合图 6-16 可以看到基于代理的 MEDA 后验解相比于基于模拟的 MEDA 后验解分布上更加聚集一些，这可能是由于代理误差导致的。

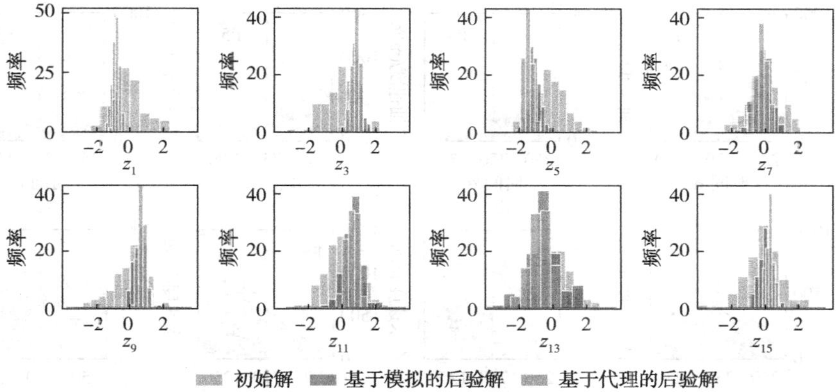

图 6-15　对比基于代理的 MEDA 和基于模拟的 MEDA 获得的后验解的分布

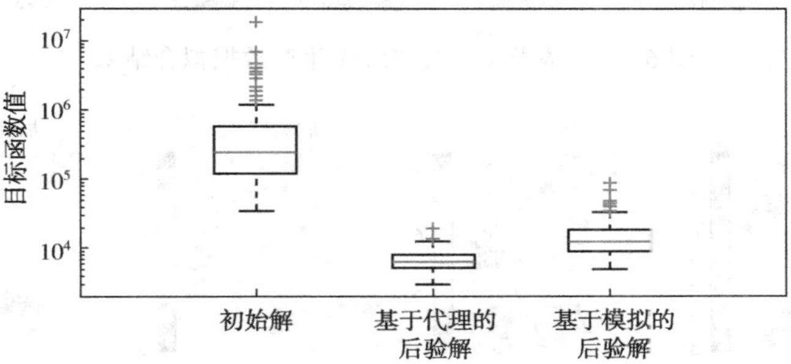

图 6-17　随机初始解、基于代理的以及基于模拟的后验解的目标函数值对比

图 6-18 展示了基于 MLGRU 代理模型的 MEDA 历史拟合求解后生产数据的拟合和预测效果，图中浅灰色曲线表示后验模型的生产数据，灰色曲线表示随机先验模型的生产数据，黑色点表示历史阶段的观测数据，而黑色曲线表示真实模型的模拟数据，点划线之前是历史拟合阶段，点划线之后是预测阶段。与先验模型相比，历史拟合得到的后验模型生产数据的不确定性显著降低，并且能够很好地覆盖观测数据与预测阶段的真实模拟数据，表明基于 MLGRU 代理的 MEDA 历史拟合求解方法能够有效地进行自动历史拟合求解。

对比生产数据的拟合与预测结果之后，对基于代理的 MEDA 获得的后验渗透率分布进行分析。图 6-19 展示了从拟合得到的 8 个后验解。可以看出，得到的后验渗透率分布在主要高低渗透率区域识别出的情形下保留了很好的多样性。图 6-20 展示了后验模型的平均结果、标准差以及真实渗透率分布，可以看到后验场可以捕捉真实模型中高渗透和低渗透区域的分布。通过对比后验平均场和参考场，可以看出后验平均场能够捕捉真实模型中高渗透和低渗透区域的分布。

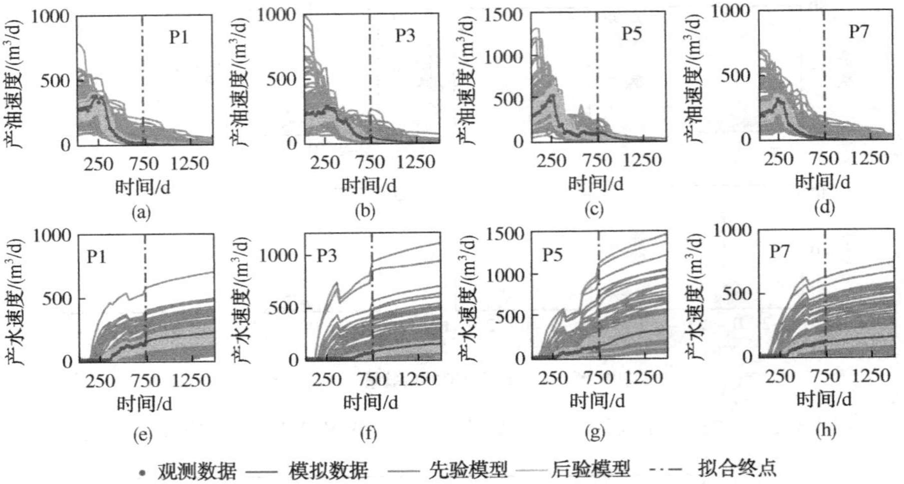

图 6-18 基于代理的 MEDA 生产数据拟合结果

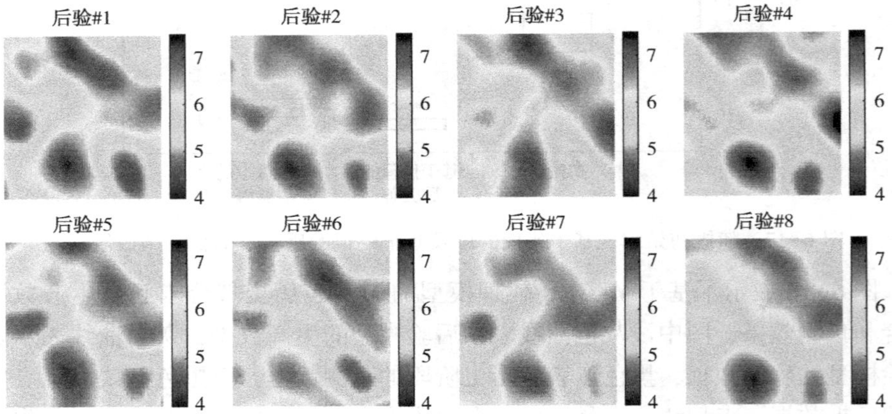

图 6-19 基于代理的 MEDA 获取的多个反演参数场

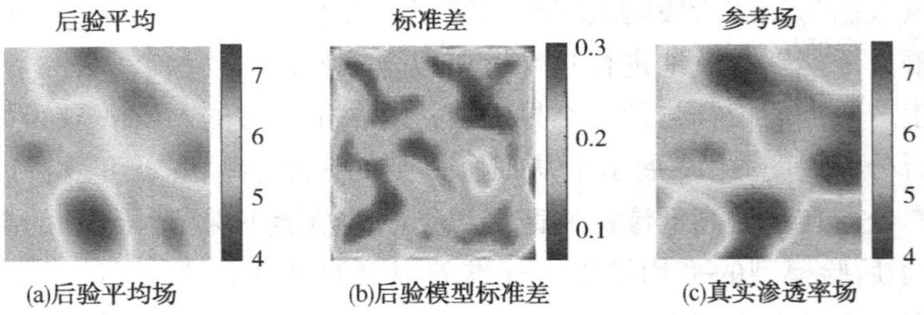

图 6-20 基于代理的 MEDA 参数场反演结果

三、多层 Brugge 基准测试模型历史拟合实验

本实验将基于 MLGRU 代理的 MEDA 自动历史拟合求解方法应用于一个多层大规模水驱油藏基准测试模型即 Brugge 油藏模型。Brugge 模型是荷兰科学研究组织（NTO）根据英国布伦特地区油藏储层特性设计的标准测试油藏模型，用于验证生产。实时优化方法主要包括自动历史拟合和生产优化。Brugge 模型是东西向延伸的半圆顶构造，并且具有断裂边界结构封闭的特性，油藏区域被划分为 138×49×9 个网格块（共 60858 个网格，其中有 44550 个活网格）。油藏模型布置有 10 口注水井和 20 口生产井，如图 6-21 所示。该油藏模型储层的不确定性属性有 5 种类型参数，即水平方向、纵向和垂向三个方向的渗透率、孔隙度以及净毛比。历史拟合阶段的观测数据包含了 10 年所有生产井的产油速度（WOPR）和产水速度（WWPR）以及所有注水井和生产井的井底压力（WBHP）。观测数据中产油或产水速度的高斯噪声标准差为生产数据的 3%，井底压力的观测噪声为 7.25psi。历史阶段共有 120 个时间步，注入井的注水速度被控制在 4000STB/d，另外如果生产井的含水率超过 90%则需要关闭生产井。含水率在模拟器中通过控制生产井的产液量进行控制。图 6-22 展示了 Brugge 模型在历史拟合阶段模拟中使用的所有生产井和注入井的生产制度，其中产量为 0 表示关井。

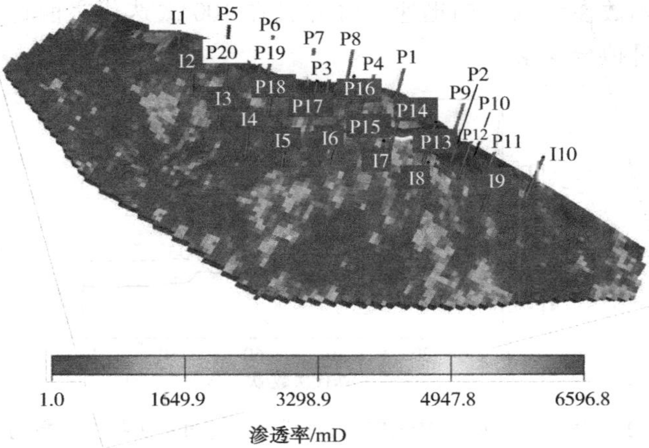

图 6-21　Brugge 模型的真实渗透率分布以及井网分布

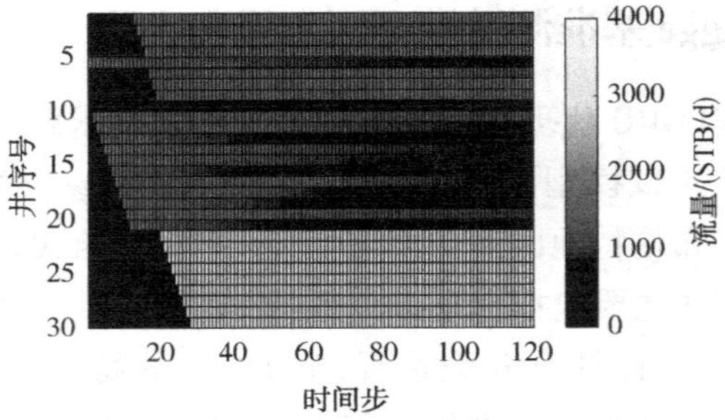

图 6-22　Brugge 模型的井控变化

Brugge 模型数据集中共有 104 个先验模型，使用 PCA 方法对 Brugge 模型的不确定性参数进行降维参数化，关于 Brugge 模型的参数场进行 PCA 降维的细节可以参考 Mohamed 等。经过 PCA 降维参数化，渗透率、孔隙度等 5 种不确定储层参数场可以用 104 维的低维变量进行表征。对于该问题数据集的构建步骤与上一个实验一致：首先从标准正态分布中随机采样 1250 个随机变量 z，使用 PCA 生成 1250 个地质参数场的 PCA 实现，运行油藏数值模拟计算相应的生产数据 y。该数据集划分为 1000 个训练样本和 250 个测试样本，MLGRU 模型的超参数使用表 6-1 中的第 9 个参数组合。该问题代理模型的训练每次迭代大约需要 4s，100 次迭代训练大约需要 6.7min。图 6-23 展示了训练过程中损失函数变化情况。可以看出，损失函数在训练早期迅速下降并且在 100 次迭代之前达到收敛平稳阶段，没有出现过拟合现象。

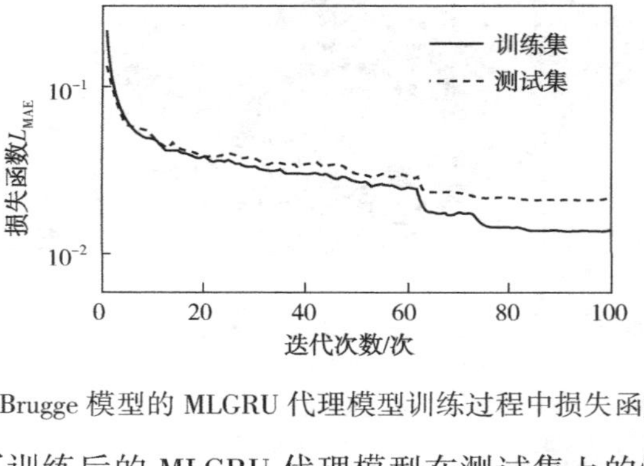

图 6-23　Brugge 模型的 MLGRU 代理模型训练过程中损失函数的变化

图 6-24 展示了训练后的 MLGRU 代理模型在测试集上的性能评估结果，大多数测试样本的 R^2 在 0.96 左右，出现了少数测试样本的 R^2 小于 0.9。同样地，选取 R^2 处于 P50 位置的测试样本进行生产数据预测结果与数值模拟结果对比。对于该问题，P50 测试样本的 R^2 为 0.9559。图 6-25 展示了预测结果和数值模拟

结果的对比，其中点表示模拟结果，实线表示 MLGRU 代理模型的预测结果。可以看到，代理预测结果与数值模拟结果整体上基本一致。除少数几口生产井之外，大部分生产井的 WBHP 预测结果较好。值得注意的是所有生产井的 WWPR 得到了较好的预测，在该问题上 WWPR 的变化是最为复杂的。

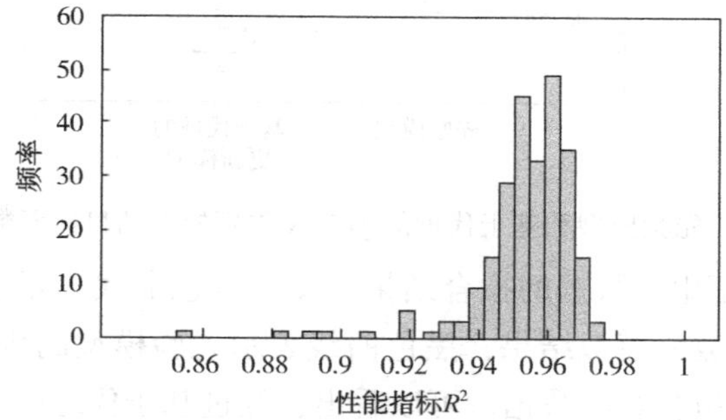

图 6-24 MLGRU 模型在测试样本上的 R^2 分布

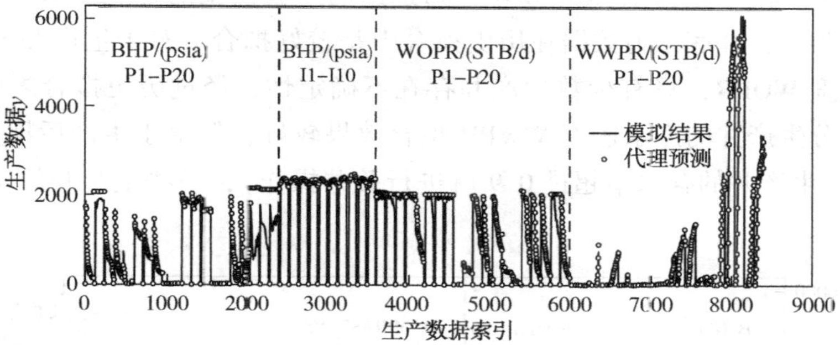

图 6-25 R^2 位于 P50 的测试样本代理预测结果与数值模拟结果对比

基于以上训练的 MLGRU 代理模型，结合 MEDA 算法进行离线的自动历史拟合优化求解，最终获得 100 个更新的后验模型。图 6-26 对比了 104 个先验模型与基于代理的 MEDA 拟合获得的 100 个后验模型的目标函数值。其中，后验模型的目标函数值是使用油藏数值模拟计算得到的。可以看出，大多数的(约 75%)后验模型目标函数值明显小于先验模型的拟合目标函数值。然而由于代理误差的存在，一些后验模型(约 25%)的目标函数值明显较大。因此，需要根据生产数据的拟合效果选择一个临界值进行历史拟合过滤筛选出拟合效果好的后验解(图 6-26 中的黑色虚线)，最后得到 69 个拟合效果好的后验解。基于生产数据历史拟合效果进行历史拟合过滤是使用代理模型进行自动历史拟合求解的常用方法。

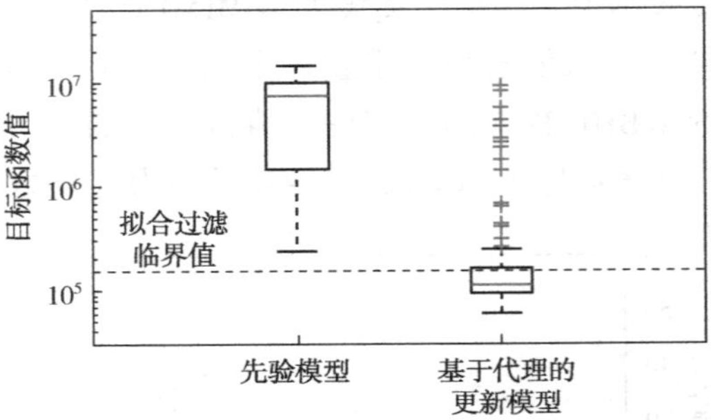

图 6-26　先验模型和基于代理的 MEDA 更新模型的目标函数值对比

图 6-27 展示了生产数据的拟合结果，图中灰色曲线表示历史拟合过滤后筛选出的后验模型的数值模拟结果，黑色曲线表示先验模型的生产数据模拟结果，黑色圆点表示历史拟合观测数据。可以看出，经过基于代理的 MEDA 自动历史拟合优化求解，生产数据的不确定性整体上显著降低。尤其是生产井 P1 到 P20 以及注水井 I1 到 I10 的井底压力 BHP，筛选出的后验模型的井底压力很好地拟合上了观测数据，井底压力数据在历史拟合中是较好拟合。对于生产井 P1 到 P20 的产油速度 WOPR，只有少数生产井存在不确定性，经过历史拟合之后也降低了。大部分生产井的产水速度 WWPR 拟合效果较好，但由于生产后期井的生产制度振荡(生产井的含水率超过 0.9 就进行关井操作)，一些生产井的 WWPR 拟合效果较差。

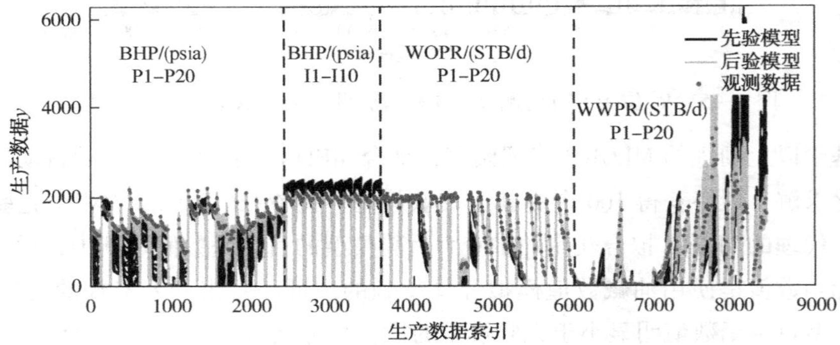

图 6-27　基于 MLGRU 代理模型的 MEDA 获得的生产数据拟合结果

对基于代理的 MEDA 自动历史拟合优化求解获得的后验参数场反演建模结果进行分析，如图 6-28 所示，以第 1 层、第 3 层、第 5 层、第 7 层水平方向的渗透率场反演结果为例展示了基于代理的 MEDA 方法获得的后验参数场反演结果。图中黑色点表示井，图中每行从左到右分别为渗透率分布的真实参考场、后验平均场以及后验模型的标准差。可以看出，渗透率的后验平均场能够有效地捕捉到生产井和注入井覆盖区域的高渗和低渗的分布。从标准差结果可以看出，存在井的区域标准差较小，约为0.2~0.4，可见后验模型在拟合的同时捕捉到了一定程度的方差(多解性)。而没有井的区域后验标准差较大，这符合历史拟合的原理，即根据生产动态对参数场进行估计，没有井的区域由于缺乏生产数据信息，因此参数的不确定性难以消除。

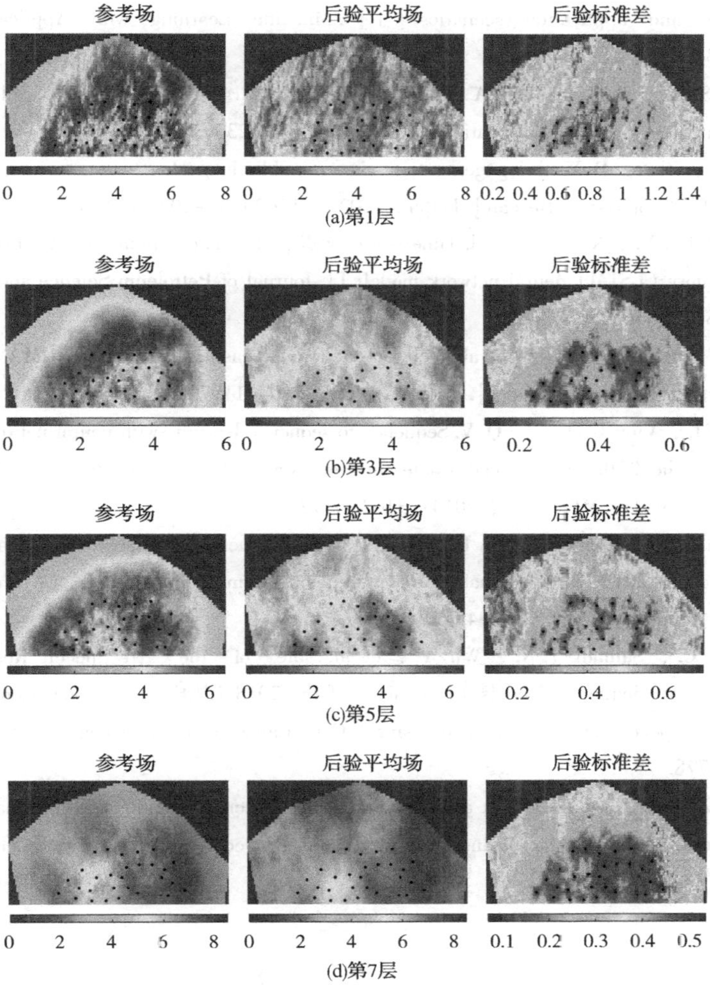

图 6-28　基于 MLGRU 代理的 MEDA 获得的参数场反演结果

参 考 文 献

[1] Guo Y. , Liu Y. , Oerlemans A. , et al. Deep learning for visual understanding: a review[J]. Neurocomputing, 2016, 187: 27-48.

[2] Sun S. , Luo C. , Chen J. A review of natural language processing techniques for opinion mining systems[J]. Information Fusion, 2017, 36: 10-25.

[3] Chai J. , Zeng H. , Li A. , et al. Deep learning in computer vision: a critical review of emerging techniques and application scenarios [J] . Machine Learning with Applications, 2021, 6: 100134.

[4] Yu Y. , Si X. , Hu C. , et al. A review of recurrent neural networks: LSTM cells and network architectures[J]. Neural Computation, 2019, 31(7): 1235-1270.

[5] Chen Y. , Zhang D. Well log generation via ensemble long short-term memory (EnLSTM) network[J]. Geophysical Research Letters, 2020, 47(23): e2020GL087685.

[6] Song X. , Liu Y. , Xue L. , et al. Time-series well performance prediction based on Long Short-Term Memory (LSTM) neural network model[J]. Journal of Petroleum Science and Engineering, 2020, 186: 106682.

[7] Fan D. , Sun H. , Yao J. , et al. Well production forecasting based on ARIMA-LSTM model considering manual operations[J]. Energy, 2021, 220: 119708.

[8] Sutskever I. , Vinyals O. , Le Q. V. Sequence to sequence learning with neural networks. Proceedings of the the 27th International Conference on Neural Information Processing Systems [C]. Montreal, Canada: MIT Press, 2014: 3104-3112.

[9] Venugopalan S. , Rohrbach M. , Donahue J. , et al. Sequence to Sequence—Video to Text. Proceedings of the 2015 IEEE International Conference on Computer Vision[C]. Washington: IEEE Computer Society, 2015: 4534-4542.

[10] Chiu C. C. , Sainath T. N. , Wu Y. , et al. State-of-the-Art Speech Recognition with Sequence-to-Sequence Models. Proceedings of the 2018 IEEE International Conference on Acoustics, Speech and Signal Processing [C] . Calgary: IEEE Computer Society, 2018: 4774-4778.

[11] Su J. , Zeng J. , Xiong D. , et al. A hierarchy-to-sequence attentional neural machine translation model[J]. IEEE/ACM Transactions on Audio, Speech, and Language Processing, 2018, 26(3): 623-632.

第七章　基于卷积递归混合网络模型的离线拟合求解方法

基于向量到序列建模框架的多层递归神经网络代理模型能够有效解决具有连续性储层地质特性的油藏自动历史拟合优化求解问题，然而该模型对于具有复杂地质特性的储层例如河流相油藏难以有效代理建模。本章介绍一种卷积递归混合网络代理模型，称作 HRCN。该模型通过卷积神经网络能够直接对空间分布的地质属性参数场进行特征提取，并利用提取到的高层级空间特征端对端预测生产数据。从数据的角度来看，该模型不仅利用了生产数据还利用了高维参数场数据，因此在数据的利用上更进一步。HRCN 代理模型能够作为油藏数值模拟的高精度代理，结合多模态分布式估计算法 MEDA 形成一种高效的离线自动历史拟合优化求解方法。

第一节　卷积神经网络在代理建模中的应用

近年来，基于深度卷积网络研究地下流体流动模拟问题的代理建模在计算物理、地下水、石油工程等多个领域都获得了广泛关注。2018 年，Zhu 和 Zabaras[1] 基于编码解码的代理建模框架研究使用深度卷积神经网络(CNN)构建流体流动问题的代理模型并且应用于单相达西流动问题，实现了根据输入的渗透率场预测压力场和流速。空间分布的地质属性参数(如渗透率、孔隙度等)通常是基于网格来表示，可以看作图像类型的数据，而 CNN 正是专门处理这种类型数据的神经网络模型。2019 年，考虑到地下水污染浓度场等是随时间动态变化的，Mo 等[2] 开发了一种自回归卷积神经网络，整合相邻时间步之间的浓度场信息提升预测精度进行地质参数反演求解。2020 年，Tang 等[3] 使用残差连接的 U 形网络模型(U-Net)对输入端的空间地质参数场进行特征提取，并使用基于长短期记忆神经网络架构的卷积模型对剩余油饱和度场进行预测，通过网络结构的改进增强信息的传递效率提升代理预测精度。以上方法大致可以归类为基于图像到图像的代理建模框架，即利用高维空间参数场如渗透率作为输入来预测流体流动信息如压力场和饱和度场。当应用到自动历史拟合问题时，考虑观测数据一般是井的生产数据，因此需要对预测结果作进一步的处理。与数值模拟中计算生产数据一致，使用 Peaceman 模型根据预测的多个时间步的压力、饱和度场计算井位处的生产数据。这样的计算有两个不可避免的缺点：(1)生产数据预测的误差受饱和度和压力场预测误差影响，需要进行生产数据误差校正；(2)增加额外计算的成本，当生产数据的观测时间步增加时，压力场和饱和度场的时间步也需要同等增加，导致模型的训练和预测需要存储、读取和处理非常高维(数百万乃至数十亿)的饱和度和压力场数据。

本章介绍一种基于图像到序列的代理建模框架，结合深度卷积网络模型和本书第六章介绍的多层递归神经网络模型以及生产数据归一化方法，形成了 HRCN 代理模型。该代理模型由两部分组成：(1)深度残差卷积网络作为空间特征提取模块，对高维空间参数场提取高层级的空间特征；(2)使用多层递归神经网络作为时间序列预测模块，根据提取的空间特征预测生产数据。空间特征提取模块和时间序列预测模块通过全局池化方法连接在一起，能够进行端对端的训练和预测。图像到序列的代理建模方法在图像标注、视频解释等领域被广泛研究和应用[4-6]，例如图像标注中使用卷积神经网络识别图像中的对象和动作，结合递归神经网络自动创建有意义的句子来描述图像展示的内容。

第二节　卷积递归混合网络代理模型

考虑储层中空间分布的复杂地质属性参数场如渗透率等作为不确定性参数的历史拟合问题，具有复杂的沉积相分布或形成优势通道的强非均质性储层，数值模拟的非线性程度更强，在拟合求解过程中储层属性轻微的变化可能会导致生产模拟数据大幅度变化，这种情形进行生产数据预测对储层属性参数的空间特征更加敏感。因此，本节介绍一种卷积递归混合网络代理模型 HRCN，构建从高维地质参数场到生产数据的端对端学习，以取代计算耗时的油藏数值模拟计算，提高自动历史拟合的优化求解效率。本章研究的代理建模任务可以表述为：

$$F: R^{H\times W\times N_{\mathrm{x}}}\to R^{T\times N_{\mathrm{d}}} \tag{7-1}$$

式中，F 表示代理模型；H 和 W 表示油藏模型参数场在水平和纵向离散剖分的网格数(分辨率)；$N_{\mathrm{x}}=C\times N_{\mathrm{f}}$ 表示输入空间参数场的特征数量；C 表示油藏模型参数场在垂直方向网格数量；N_{f}表示需要进行历史拟合的不确定性参数场属性(例如渗透率、孔隙度等)的类别数量。

图 7-1 展示了 HRCN 代理模型结构示意图，该模型主要由残差卷积神经网络空间特征提取模块和多层递归神经网络时间序列预测模块组成，并且使用生产制度(井控参数)作为可选的辅助输入，提供生产数据中因油水井的生产控制制度发生改变产生变化的相关信息，下面对该模型的各个部分进行详细介绍。

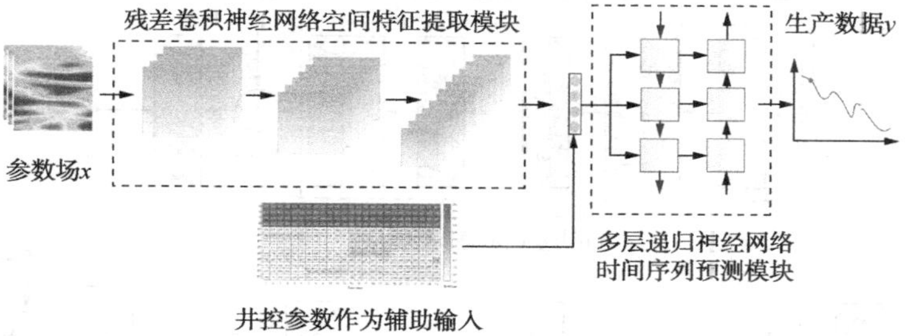

图 7-1 HRCN 代理模型结构示意图

一、基于深度残差卷积神经网络的空间特征提取模块

对于渗透率、孔隙度等在空间上存在变化的地质属性参数场，使用深度 CNN 模型能够提取高层级的特征表示。但是使用简单的卷积、池化等进行深度扩展往往难以有效训练，面临梯度消失的可能性、引起模型性能退化现象。针对这一难题，深度学习领域研究并提出了许多理论方法用于构建深度 CNN 模型，例如紧密连接、残差学习、批归一化等。HRCN 模型基于残差卷积网络方法构建空间特征提取模块，He 等[7]研究表明使用短路连接结构形成残差学习可以有效解决深度卷积网络训练时梯度消失的问题。

图 7-2(a)展示了残差网络的基本单元。给定输入数据 x，$H(x)$ 表示想要学习到的特征，残差基本单元中通过卷积网络构建残差函数 $F(x)=H(x)-x$ 对 $H(x)$ 进行学习。如图中所示残差函数 $F(x)$ 是一个由卷积、批归一化和 ReLU 非线性激活函数组成的复合函数。相比于传统的 CNN 网络模型直接学习 $H(x)$，残差函数 $F(x)$ 的学习更加容易。同时残差函数中使用了批归一化操作(BN)对网络模型参数进行正则化处理，能够提升网络训练速度的同时避免过拟合。图中 $x+F(x)$ 表示基于元素的加法操作形成短路连接构建恒等映射，该过程没有引入额外的参数，保持了与基础卷积网络相同的计算复杂度。基于残差基本单元可以构建相应的深度残差卷积神经网络，如图 7-2(b)所示。首先使用具有较大尺寸卷积核(7×7)的卷积层和下采样层(最大池化操作)处理输入的高维参数场，然后使用多个交替堆叠的残差基本单元和下采样层逐级提取空间特征，下采样时特征图的大小减半(池化尺寸为 2×2)，残差基本单元中每次输出的特征图数量(通道数)相比输入特征图数量翻倍。通过这样的卷积与池化操作对输入参数场的特征进行压缩提取获得高层级的抽象特征。

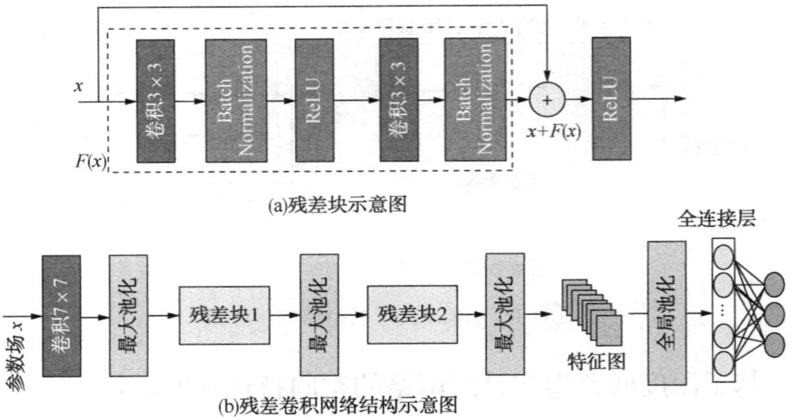

图 7-2　残差块和残差卷积网络结构示意图

本章数值实验中 HRCN 模型使用 3 个残差基本单元构建空间特征提取模块，对于具体的问题可以使用不同的残差基本单元数。在进行残差卷积操作之后，需要将提取到的张量形式的空间特征转化为可以用于生产数据预测的向量形式特征，HRCN 模型中使用全局平均池化操作（GAP）进行特征转化。GAP 池化方法最早应用于网络嵌入模型中，相比于传统的 CNN 模型使用全连接层将张量形式的特征转换为向量形式，GAP 池化方法是将最终提取的空间特征逐层（通道）计算特征图的全局平均作为最终的向量形式特征。一般全连接层进行特征转化会使得模型参数骤增，使用 GAP 池化操作一方面大幅度地减少了网络模型的参数；另一方面，GAP 池化操作可以有效地抑制过拟合现象。在 GAP 池化操作将提取到的张量形式空间特征转化为向量特征之后，使用一层全连接层计算最终的特征向量，全连接层的激活函数使用 ReLU 函数，神经元数作为网络模型的超参数进行确定。

二、深度递归网络预测生产数据

本书第六章介绍了深度递归神经网络模型并使用门递归单元建立了多层递归神经网络代理模型。考虑具有更加复杂地质特征的油藏自动历史拟合问题中地质参数场与生产数据之间的非线性更强，因此 HRCN 模型使用长短期记忆递归单元（LSTM）。LSTM 与门递归单元（GRU）类似，都是为解决递归神经网络模型长序列学习时出现梯度消失或梯度爆炸等导致难以学习的问题而提出的递归单元结构。图 7-3 展示了 LSTM 单元的基本结构示意图。递归神经网络模型最常用的递归单元主要包括 tanh、GRU 和 LSTM 等三种类型，其中，GRU 与 LSTM 具有接近的性能，使用 GRU 还是 LSTM 取决于任务和数据特点。HRCN 模型研究中发现使用

LSTM 作为递归单元训练更加稳定，使用 GRU 时偶尔会出现训练中损失函数无法下降的现象。LSTM 单元由输入门、输出门、遗忘门和单元状态组成，如下所示：

$$f_t=\sigma(W_f\cdot[h_{t-1},\ x_t]+b_f) \tag{7-2}$$

$$i_t=\sigma(W_i\cdot[h_{t-1},\ x_t]+b_i) \tag{7-3}$$

$$o_t=\sigma(W_o\cdot[h_{t-1},\ x_t]+b_o) \tag{7-4}$$

$$\tilde{c}_t=\tanh(W_c\cdot[h_{t-1},\ x_t]+b_c) \tag{7-5}$$

$$c_t=c_{t-1}\cdot f_t+\tilde{c}_t\cdot i_t \tag{7-6}$$

式中，t 表示当前时刻；$t-1$ 表示前一时刻；f、i、o、c 分别表示遗忘门、输入门、输出门和单元状态；W 和 b 表示可训练的权重参数和偏置项；h_{t-1} 表示前一时刻的隐藏状态；$\tilde{c}_t$ 表示当前时刻临时的单元状态。

最后，根据单元状态和输出门可以计算 LSTM 单元的当前时刻的隐藏状态：

$$h_t=o_t\cdot\tanh(c_t) \tag{7-7}$$

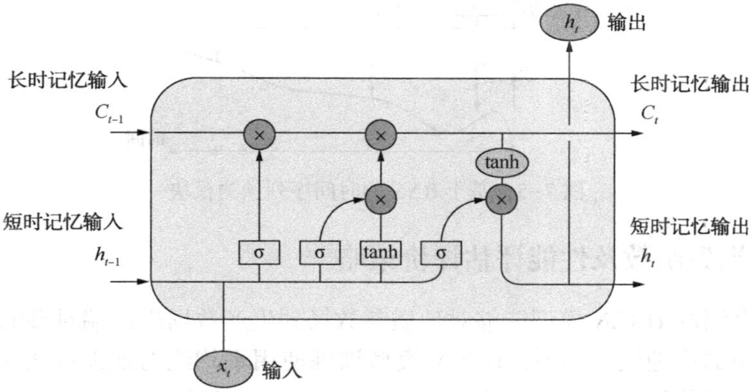

图 7-3　LSTM 单元的基本结构

可以看到，LSTM 递归单元中门结构更加复杂，GRU 是对 LSTM 的简化改进。另外，HRCN 模型使用双向递归结构构建双向 LSTM（BiLSTM）对时间序列特征进行建模。与单向的递归结构相比，BiLSTM 结构可以预测更强非线性的序列[8,9]。图 7-4 展示了 BiLSTM 的结构示意图，可以看到它主要由前向层和后向层组成。在前向层，数据按照正向序列进行学习，而在后向层，数据按照倒序进行学习，这种双向结构可以增强时间序列数据的特征表示从而提高建模的可靠性。

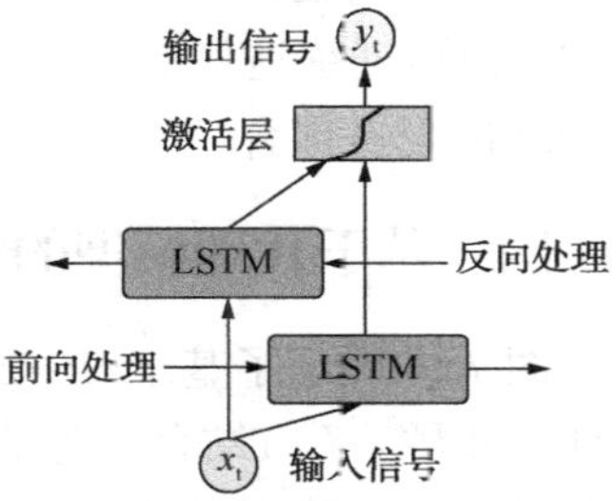

图 7-4　BiLSTM 的结构示意图

基于 BiLSTM 基本结构，结合前一章提出的多层递归神经网络模型可以构建时间序列预测模块，结构示意图如图 7-5 所示。为预测生产数据 $y=\{y_1, y_2, \cdots, y_T\}$，将 CNN 部分提取到的空间特征向量与井控参数组合作为每个时间步的输入向量。该模块使用 2 层 BiLSTM 结构组成的递归神经网络，根据具体问题也可自行调整层数。最后，同样使用全连接层作为预测层，激活函数使用双曲正切函数，神经元数与生产数据每个时间步的特征数保持一致。

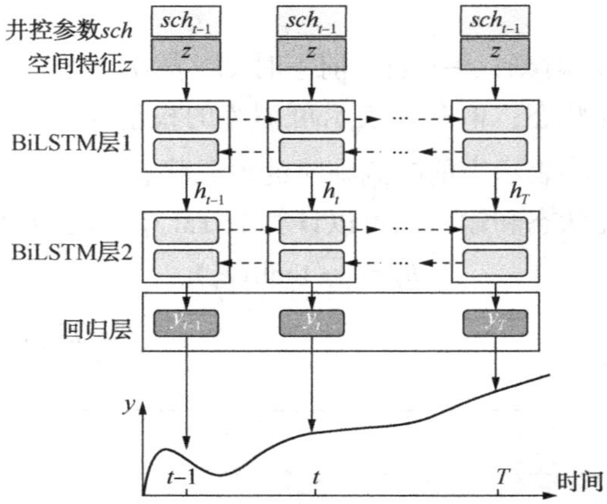

图 7-5　基于 RNN 的时间序列预测模块

三、损失函数及性能评估评价策略

本章介绍的 HRCN 模型能够对地质参数场到生产数据进行端对端的预测，与第六章介绍的代理模型相同，HRCN 模型训练使用平均绝对误差损失函数 MAE，性能评价指标使用决定系数 R^2 和均方根误差 *RMSE*，具体定义可以参考本书第六章。代理模型的训练采用 Adam 随机梯度优化算法，根据反向传播方法对模型参数进行调整和更新。学习速率对 Adam 算法的性能非常重要，在本章数值实验中初始学习率设置为 0.001，当误差停滞达到 10 次迭代时除以 10 从而减小学习率。HRCN 模型训练迭代次数设置为 200 次，并使用早停策略（early stopping）防止模型训练出现过拟合[10]。

四、基于代理模型的自动历史拟合优化求解方法

图 7-6 展示了基于 HRCN 代理模型的离线自动历史拟合优化求解流程，主要有四个步骤：(1)结合先验信息利用地质统计建模方法构建不确定性参数场的随机先验认识，使用降维参数化方法对参数场进行降维表示；(2)利用降维模型随机生成多个参数场实现，并行数值模拟计算相应的生产数据，构建样本数据集训

练 HRCN 模型；(3)训练好的 HRCN 模型与 MEDA 算法结合进行参数更新求解，求解过程完全基于代理模型进行，目标函数评估无须数值模拟，释放求解算法的搜索能力；(4)对基于代理结合 MEDA 算法更新后的解进行数值模拟，由于代理误差的存在，需要结合生产数据拟合效果进行更新解过滤，最终获得拟合效果好的后验解，这一过程需要少量的数值模拟。

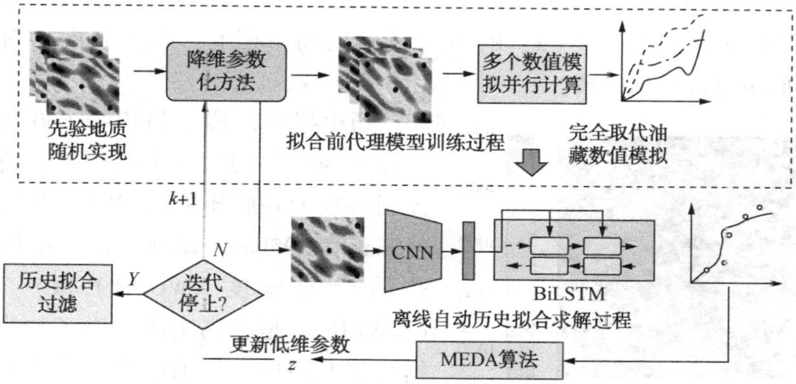

图 7-6　基于 HRCN 代理模型的离线自动历史拟合优化求解流程

值得注意的是，参数化降维方法在该求解流程中并非必要的，代理模型的输入数据是反演参数场输出，其生产数据能够完全取代油藏数值模拟过程。使用参数化降维方法的目的在于降低反演参数的维数，有利于优化算法的搜索与更新。

第三节　自动历史拟合数值实验

本节对 HRCN 代理模型和自动历史拟合求解流程进行数值实验验证和分析，数值实验包括两个具有复杂地质特征的水驱油藏模型：(1)二维河流相水驱油藏模型，具有非高斯的地质特征，渗透率场作为不确定性地质属性进行拟合求解；(2)多层 Brugge 水驱油藏模型，地质参数场含有 9 层，其中前两层具有非高斯地质特征，后 7 层是连续性地质属性。首先基于二维油藏模型对代理性能进行评估，并且与第六章介绍的多层递归神经网络代理模型进行性能对比。其次，通过 Brugge 模型验证 HRCN 代理模型能够应用于大规模复杂油藏。本节数值实验中所有神经网络模型的构建及优化都是基于 TensorFlow 框架实现，在单个内存为 32GB 的 Nvidia Tesla V100 GPU 上进行训练。

一、二维河流相水驱油藏模型

图 7-7 展示了油藏模型的真实渗透率分布和井网布置，该模型渗透率场由高渗相和低渗透背景相组成，渗透率分别为 5000mD 和 500mD。油藏区域被离散剖分为 60×60 个网格块，每个网格块大小为 10m×10m，油藏厚度为 4m，孔隙度设置为 0.2，布有 3 口注水井和 4 口生产井，注水井 I1 和生产井 P2 位于同一条高渗相，注水井 I3 和生产井 P3、P4 位于连通的高渗相上，而注水井 I2 和生产井 P1 位于低渗透背景相区域。

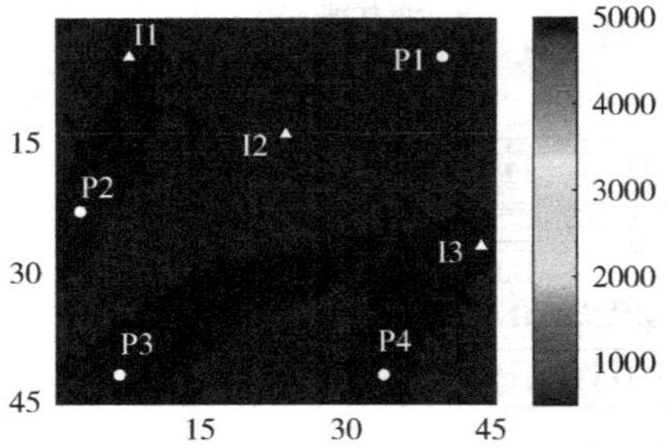

图 7-7　2D 河流相案例的真实渗透率分布和井网布置

历史拟合阶段数值模拟 600 天，时间步长为 30 天，共 20 个时间步，所有井的控制参数为井底压力(BHP)，分别设定为 410bar 和 395bar。观测数据包括所有生产井的产油速度（WOPR）和产水速度(WWPR)，是在真实渗透率场数值模拟数据基础上添加零均值的高斯噪声获得。高斯噪声标准差设为仿真数据的 5%。因此该油藏模型历史拟合求解中生产数据包括 20 个时间步，每个时间步有 8 个观测指标(包括 4 口生产井的 WOPR 和 WWPR)。

该油藏模型真实渗透率场和随机先验模型数据集来自 Canchumuni 等研究，共包含了 20000 个随机先验认识。由于渗透率场是非高斯分布的，因此结合卷积变分自编码器 CVAE 模型进行参数场降维，CVAE 模型的构建与训练参考本书第二章，降维参数的维数设置为 100。为构建 HRCN 代理模型数据集，从标准正态分布中随机采样 2500 个 100 维的低维向量，输入 CVAE 模型的解码器中可生成 2500 个随机渗透率实现，运行历史拟合阶段数值模拟获得对应的生产数据，收集渗透率实现和生产数据可构建数据。为了验证和测试代理模型超参数设置和性能，将数据集根据 0.8 ∶ 0.1 ∶ 0.1 的比例划分为训练集、验证集和测试集(分别含有 2000、250、250 个样本)。代理模型的训练迭代次数和批大小(batch size)分别设置为 200 和 16。由于数据集规模较小，因此使用较小的批大小进行训练。

1. 代理模型性能分析

首先对 HRCN 代理模型的两个关键超参数进行确定，即空间特征提取模块最终提取的特性向量维数 N_s 以及时间预测模块中 LSTM 单元的神经元数 N_u。为了更清晰地对比超参数对代理模型性能的影响，使用训练集中 500 个样本进行训练。如表 7-1 所示，预设了 6 种不同的超参数组合，使用验证集中 250 个验证样本进行性能评估。

表 7-1　HRCN 代理模型的超参数组合

超参数组合	1	2	3	4	5	6
提取空间特征维数 N_s	100	100	100	500	500	500
递归网络神经元数 N_u	100	500	1000	100	500	1000

图 7-8 展示了 6 种超参数组合的验证性能，可以看出第一组超参数的性能最佳，在后续实验中模型都采用第 1 组超参数组合。前一章多层递归神经网络模型分析发现多层递归神经网络模型中递归单元神经元数越大模型性能越好。而对于 HRCN 模型，以参数组合 1、2、3 为例，可以看到随着递归单元神经元数增加模型性能是下降的，另外实验分析发现神经元数小于 100 时性能也会出现下降。对比参数组合 1、4 或 5、6 可以发现保持相同递归神经元数，空间特征向量维数增加也不会带来模型性能的提升。这是由于 HRCN 模型从空间特征到时间序列特征是端对端的，模型结构中超参数关联紧密。

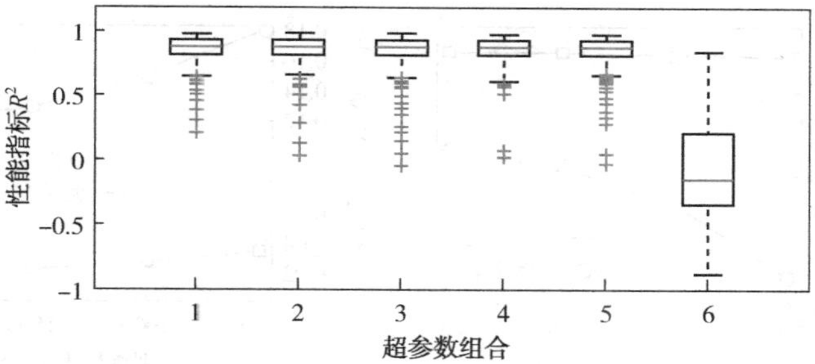

图 7-8　不同超参数组合对应模型的验证性能对比

图 7-9 对比了 HRCN 模型以及第六章介绍的多层递归神经网络模型在该问题上的性能。为了全面地进行对比，多层递归神经网络包括三种形式：(1) HRCN 模型中的 BiLSTM 模块(超参数采用表 7-1 的第 1 组参数组合)；(2) 第六章构建的 MLGRU 模型；(3) 基于第六章超参数分析结果构建的 MLBiLSTM，即把 GRU 结构换为 BiLSTM 结构。可以看到在该问题上使用降维向量作为输入的多层递归神经网络模型难以有效预测。这是由于渗透率场具有河流相特征，降维向量的轻微变化可能导致渗透率分布完全不同，底层映射关系具有强非线性，而使用深度卷积神经网络对渗透率场进行特征表示可以提取到更丰富的空间分布信息进行预测，例如渗透率场的边缘、曲线、形状等。

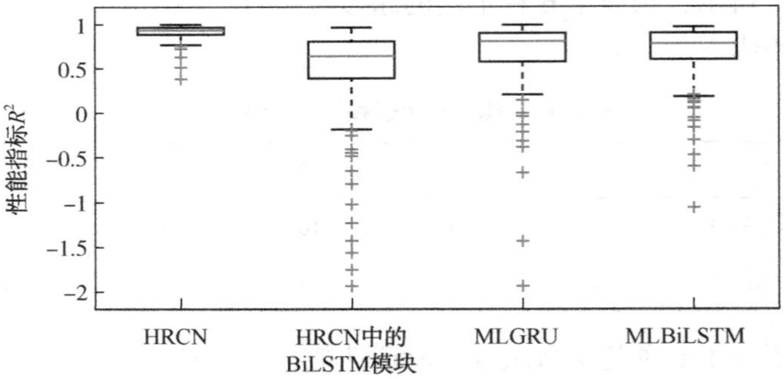

图 7-9　HRCN 模型与多层递归网络模型的性能对比验证

图 7-10 对比了使用不同训练样本数量进行 HRCN 代理模型训练获得的预测性能结果。图 7-10(a)和图 7-10(b)分别对比了 HRCN 模型训练后在验证集上的 *RMSE* 和 R^2计算结果，可以看出训练样本增加模型的预测性能也是增加的，而训练样本数量从 500 增加到 1000 时，模型的性能增加幅度最大；训练样本数量从 1000 增加到 2000 时代理性能在验证集上略有提升。在后续代理模型性能测试和历史拟合中使用 1000 个训练样本。

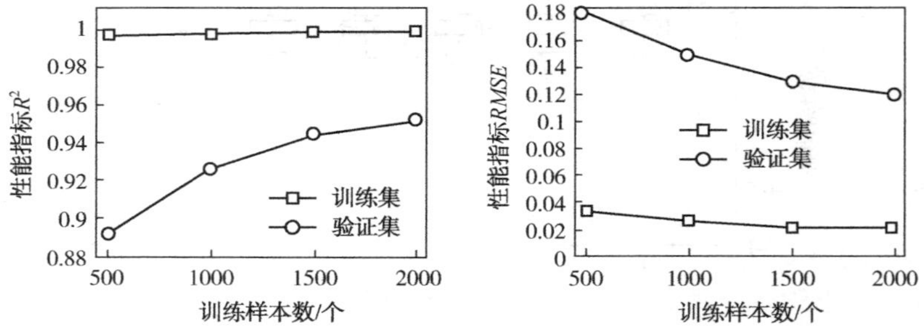

(a)对比R^2　　(b)对比*RMSE*

图 7-10　使用不同训练样本数的 HRCN 模型性能对比

2. 历史拟合结果分析

本节基于以上分析选择的超参数组合以及 1000 个训练样本重新训练代理模型进行代理性能测试和自动历史拟合求解。图 7-11 展示了 HRCN 代理模型在测试集上的预测性能。可以看到对于该问题大部分测试样本 R^2大于 0.9，存在少量测试样本的 R^2小于 0.7。其中，P10、P50、P90 的 R^2分别为 0.8822、0.9345、0.9614，表明 HRCN 代理模型性能基本可靠，但仍然需要进一步研究减少预测中出现的异常值。

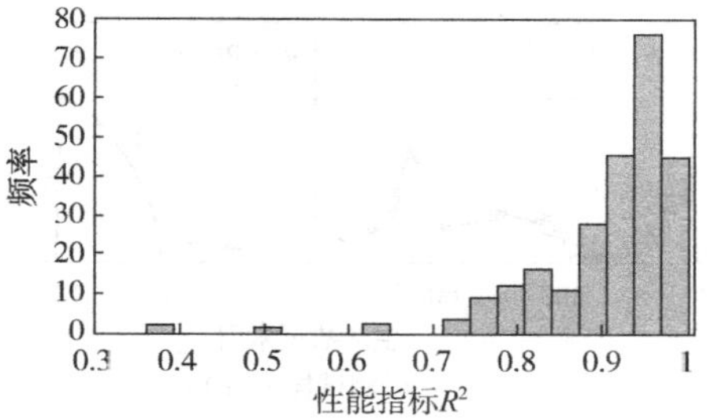

图 7-11　所有测试样本的 R^2 直方图

图 7-12 展示了 R^2 处于 P10、P50 和 P90 位置处测试样本的渗透率场分布，三个测试样本的高渗相分布位置各不相同。

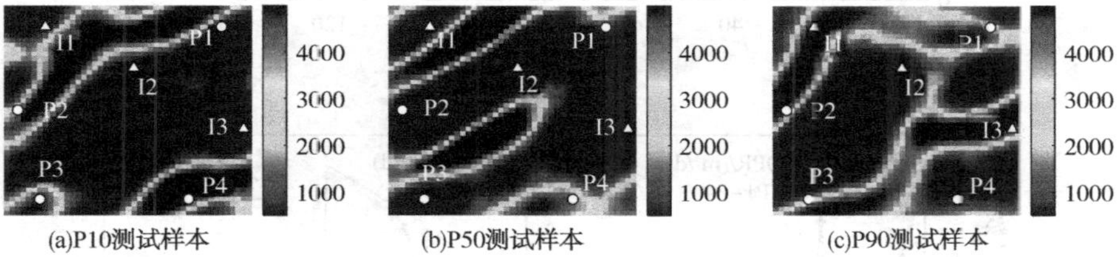

图 7-12　测试样本的渗透率场分布

图 7-13(a)、(b)、(c)分别对比了 P10、P50 以及 P90 样本的生产数据预测结果和数值模拟结果。图中黑色曲线表示数值模拟结果，带圆圈的曲线表示 HRCN 代理模型预测结果。可以看到，P10 样本的预测结果与数值模拟结果在生产井 P2 的 WWPR 处预测误差较大，观察图 7-13(a)，生产井 P2 位于高渗相的边缘，这可能是数值模拟结果比预测结果低的原因；P90 样本预测结果基本上与数值模拟结果保持一致。

在测试集上分析和验证了 HRCN 模型的性能之后，基于代理模型使用 MEDA 算法进行自动历史拟合优化求解。MEDA 算法的种群大小和迭代次数均设置为 100，优化求解中需要 10000 次目标函数评估。将基于数值模拟的 MEDA 算法进行历史拟合求解作为对比，参数设置与基于代理的 MEDA 一致，意味着需要 10000 次油藏数值模拟。基于代理的 MEDA 自动历史拟合求解流程除 HRCN 模型训练所需的 1000 次数值模拟之外，在优化过程中不需要进行油藏数值模拟，求解之后获得的更新模型需要 100 次数值模拟进行评估。基于 GPU 的代理模型的训练耗时约 6min，而这只需要求解前进行一次计算，实际问题中与计算耗时的数值模拟相比可以忽略。因此基于代理的 MEDA 自动历史拟合求解需要的计算耗时约为基于模拟的 MEDA 所使用时间的 10%。

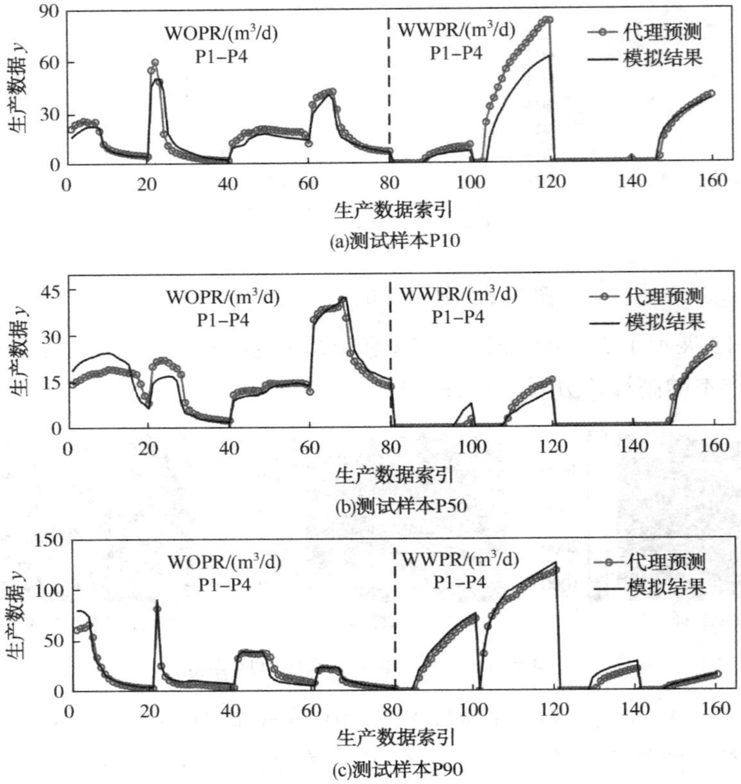

图 7–13 测试样本的生产数据代理预测和数值模拟结果对比

图 7–14 在目标函数空间对比了基于代理的 MEDA 和基于数值模拟的 MEDA 两种算法的收敛情况。总体来看，基于代理的 MEDA 和基于数值模拟的 MEDA 收敛趋势基本是一致的，表明代理模型能够替代数值模拟进行求解。两种方法在迭代次数达到 75 次之前收敛趋势几乎一致；在迭代次数达到 75 次之后基于代理的 MEDA 的目标函数值更加集中一些，这可能是由于代理模型存在误差，在接近收敛时更新解的变化都是细微的，而渗透率的细微变化难以通过代理模型反映到生产数据上。

图 7–15 展示了拟合参数初始解与基于模拟的更新解以及基于代理的更新解对比情况。从降维变量中选取 8 个参数进行分析，可以看到基于代理的与基于模拟的 MEDA 的更新解分布基本一致，但是基于代理的 MEDA 的更新解分布相对更集中一些，这与目标函数空间中两种算法的收敛特点是一致的。这表明基于代理的 MEDA 获得的多解性略微弱于基于模拟的 MEDA。进一步地使用数值模拟对基于代理的 MEDA 获得的更新解进行评估，图 7–16 对比了随机初始解、基于代

理的 MEDA 更新解以及基于模拟的 MEDA 更新解的目标函数值。可以看到初始解目标函数值远大于拟合更新后的解，基于代理的 MEDA 更新解的目标函数值在基于模拟的 MEDA 更新解的目标函数值范围内，表明 HRCN 代理模型能够有效地取代数值模拟进行求解。

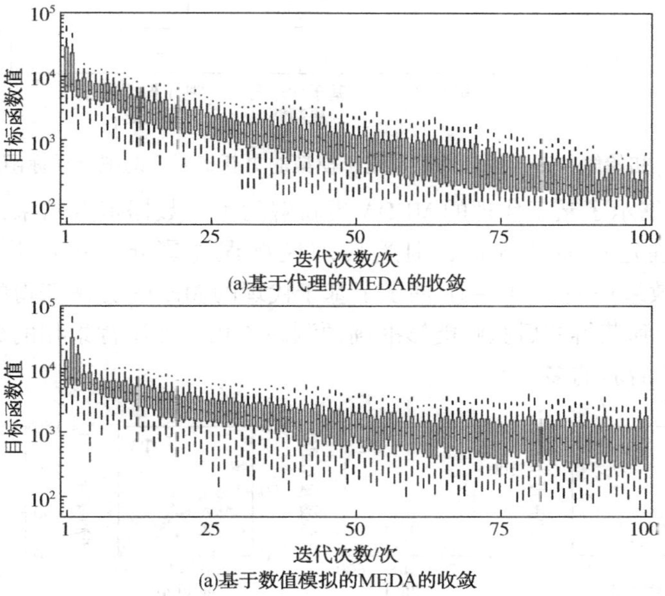

图 7-14　基于代理的 MEDA 和基于模拟的 MEDA 的收敛情况对比

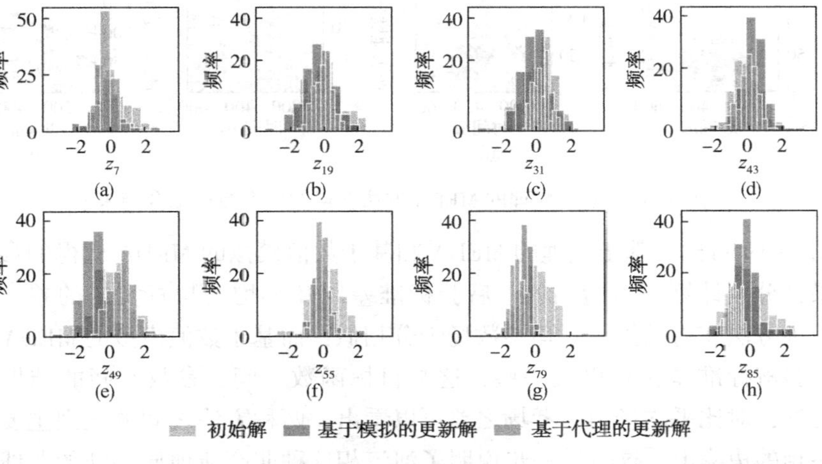

图 7-15　拟合参数初始解与基于模拟的更新解以及基于代理的更新解对比

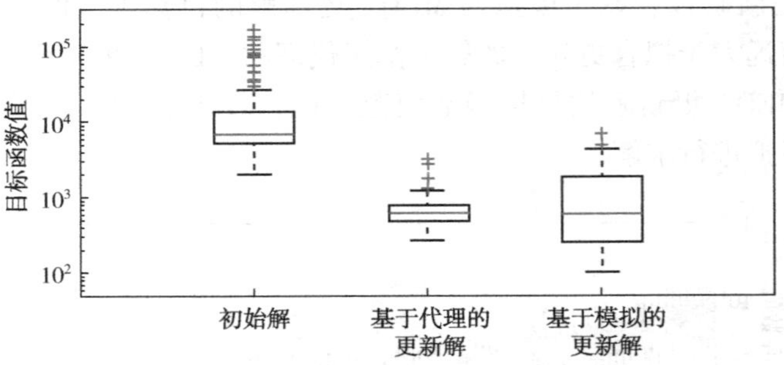

图 7-16　初始解与基于代理的以及基于模拟的更新解对应的拟合目标函数值对比

图 7-17 展示了基于代理的 MEDA 更新解的生产数据拟合结果，可以看到生产数据的不确定性显著降低，但受代理模型误差影响，生产井 P2 和 P4 的 WWPR 拟合效果略差。图 7-18 展示了基于代理的 MEDA 方法获得的后验渗透率分布。可以看到获得的后验解能够准确预测高渗相和低渗背景相的分布，在局部细节上保留了后验的多样性。

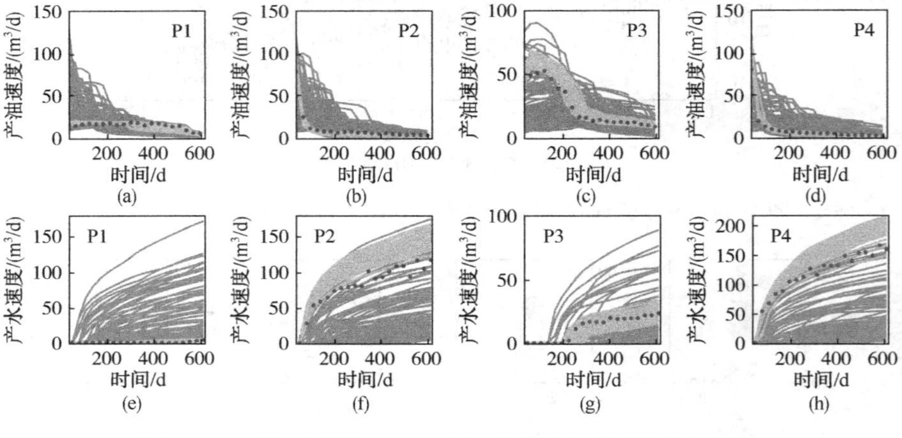

图 7-17　基于代理的 MEDA 方法获得的生产数据拟合结果

图 7-19 对比了基于代理的 MEDA 和基于数值模拟的 MEDA 获得的参数场拟合结果，分别计算了后验均值、后验标准差以及平均场与真实场的差。总体上看，两种方法获得的拟合平均参数场十分相似，而基于数值模拟的 MEDA 算法获得的后验解标准差相对更大一些，这与目标函数空间、参数空间的结果是一致的。另外，对比平均场与参考场之差可以看出，两种方法之间的区别主要是体现在高渗相的边缘上。这也进一步说明了河流相这种非高斯地质特征的非线性，仅边缘上的微小差异，体现在目标函数和参数更新上的差异却十分显著。

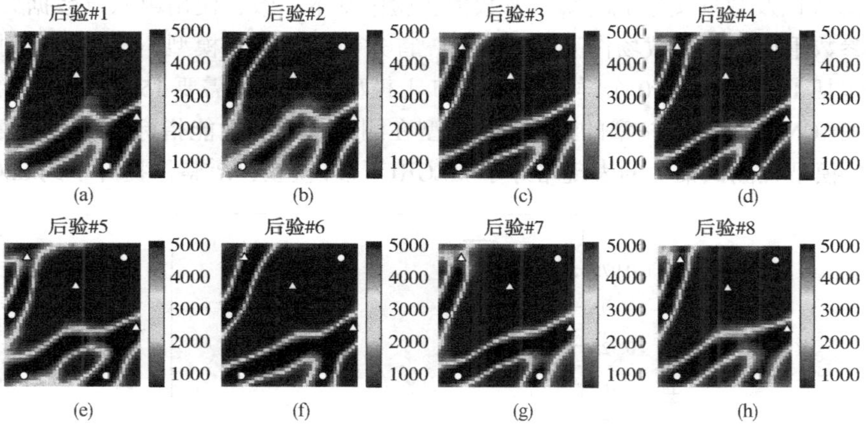

图 7-18　基于代理的 MEDA 获得的后验参数场结果

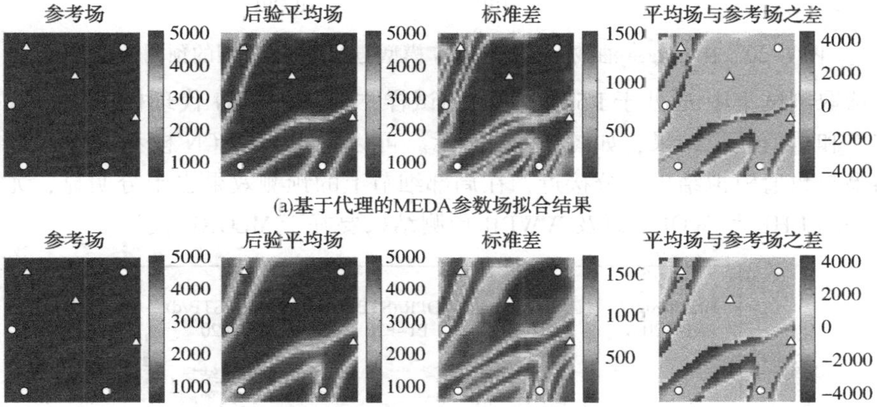

(a)基于代理的MEDA参数场拟合结果

(b)基于数值模拟的MEDA参数场拟合结果

图 7-19　基于代理的 MEDA 与基于数值模拟的 MEDA 参数场拟合结果对比

二、多层 Brugge 基准测试模型历史拟合实验

使用 Brugge 油藏模型进行自动历史拟合验证，一方面 Brugge 模型的前两层是具有复杂相特征的地质结构，另外基于 Brugge 模型可以测试 HRCN 模型在连续性油藏问题上的表现，Brugge 模型后七层都是具有连续性的地质特征，先验数据集中 49 个随机模型在前两层采用的都是连续性建模，并且方便对比本章介绍的 HRCN 方法与前一章 MLGRU 代理模型方法在同一大规模油藏问题上的应用效果。Brugge 模型的基本参数以及设置参考本书第六章，拟合求解的不确定性参数同样地包括了每个网格的渗透率（水平、纵向以及垂向）、孔隙度以及净毛比。

PCA 降维以及数据集生成与第六章数值实验中基本一致，使用第六章数据集中的低维参数重构高维参数场作为输入数据。首先训练 HRCN 模型，训练集和测试集分别包括 1000 个和 250 个样本，在 GPU 上模型训练大约需要 15min。图 7-20 对比了 HRCN 模型和前一章的 MLGRU 模型在测试集上的性能指标 R^2。可以看到，HRCN 模型在测试集上的表现略好于 MLGRU 代理模型，R^2 整体提升了约 0.02。

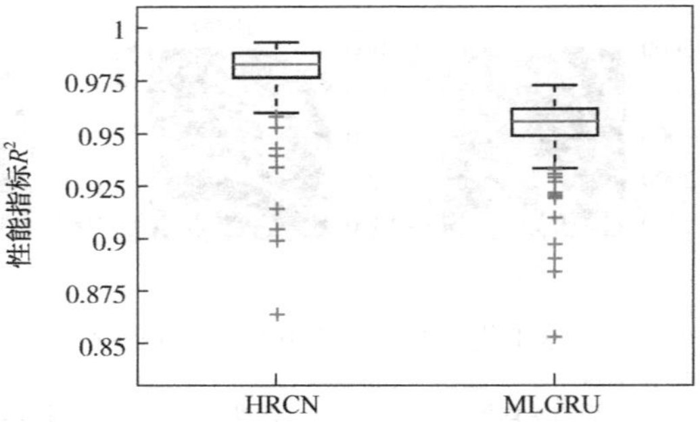

图 7-20　在 Brugge 油藏问题上 HRCN 模型与 MLGRU 模型的预测性能对比

选取测试集中 R^2 处于 P50 位置的测试样本对比 HRCN 代理模型生产数据预测结果和数值模拟结果，如图 7-21 所示。可以看出，HRCN 模型的生产数据预测结果与数值模拟结果十分接近，在局部细节上的预测效果也十分明显，尤其是生产井的 BHP 和 WOPR 以及 WWPR 预测结果要好于 MLGRU 模型。

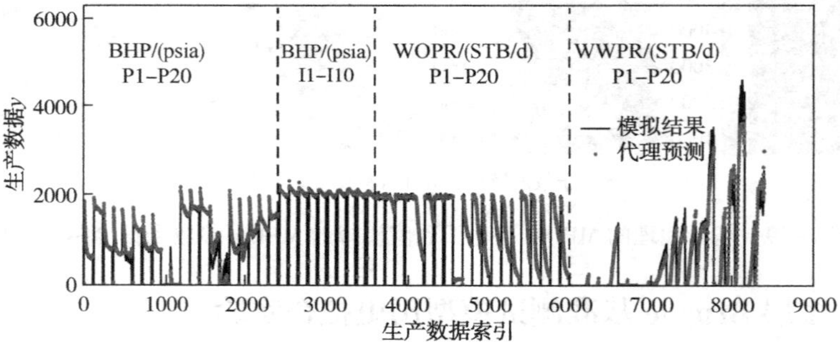

图 7-21　R^2 位于 P50 对应的测试样本生产预测结果与数值模拟结果对比

经过对 HRCN 代理模型的训练和测试，结合 MEDA 算法进行自动历史拟合优化求解。MEDA 算法的种群数和迭代次数均设置为 100，图 7-22 对比了与先验模型的目标函数值和基于 HRCN 模型的 MEDA 更新解（100 个）的目标函数值，更新解的目标函数值是根据数值模拟计算得到的。图中灰色圆点表示先验模型，而加号表示更新模型。总体上，更新模型的目标函数要小于先验模型，有部分更新解的目标函数值过高，这是由于存在代理误差。因此需要进行历史拟合过滤，图中虚线为根据生产数据拟合效果确定的拟合过滤临界值，经过拟合过滤最终得到 42 个历史拟合模型。

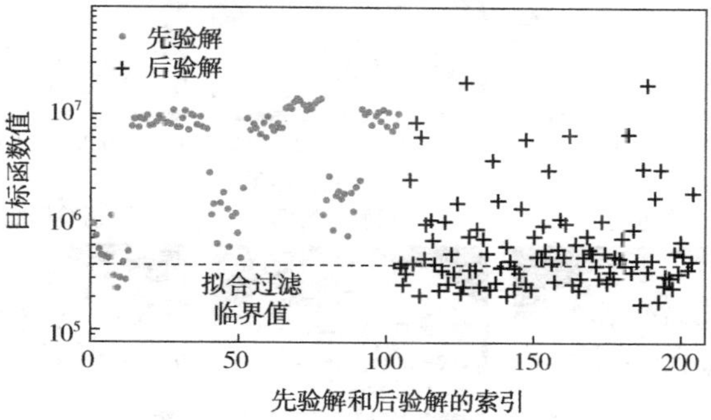

图 7-22　先验初始模型与基于代理的 MEDA 更新模型的目标函数值

图 7-23 展示了拟合过滤后得到后验解的生产数据拟合结果。以其中 4 口生产井的井底压力和产水速度为例进行说明。可以看到，先验模型的生产数据不确定性较大，而经过拟合之后，生产数据的不确定性显著降低，并且井底压力的不确定性降低程度要大于产水速度的不确定性。

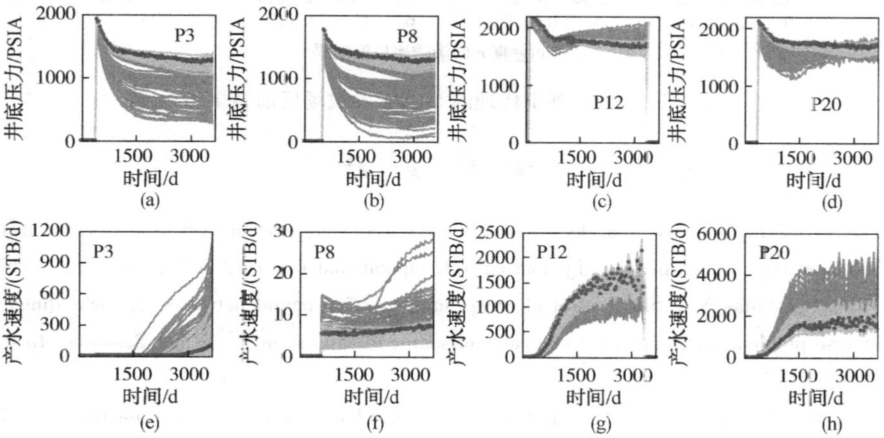

图 7-23　基于代理的 MEDA 生产数据拟合结果

图 7-24(a)、(b)、(c)分别展示了基于 HRCN 代理的 MEDA 获得的后验解的第 1 层孔隙度、水平渗透率以及垂向渗透率拟合结果，每行从左至右分别为参考场、后验平均场以及后验标准差，图中黑色圆点表示井。可以看到，在有井的区域，参考场与拟合平均场的分布规律大致符合，而无井的边缘区域后验标准差较大、不确定性强，验证了基于 HRCN 代理模型的 MEDA 算法能够有效地解决此类较大规模的水驱油藏自动历史拟合参数场反演问题。

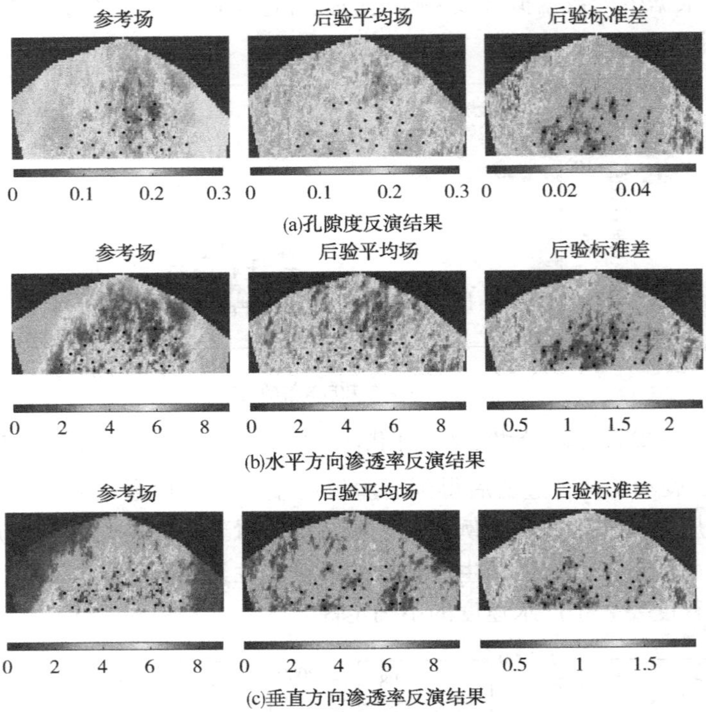

图 7-24 基于代理的 MEDA 参数场反演结果

参 考 文 献

[1] Zhu Y., Zabaras N. Bayesian deep convolutional encoder-decoder networks for surrogate modeling and uncertainty quantification[J]. Journal of Computational Physics, 2018, 366: 415-447.

[2] Mo S., Zabaras N., Shi X., et al. Deep autoregressive neural networks for high-dimensional inverse problems in groundwater contaminant source identification[J]. Water Resources Research, 2019, 55(5): 3856-3881.

[3] Tang M., Liu Y., Durlofsky L. J. A deep-learning-based surrogate model for data assimilation in dynamic subsurface flow problems[J]. Journal of Computational Physics, 2020, 413: 109456.

[4] Donahue J., Hendricks L. A., Rohrbach M., et al. Long-term recurrent convolutional networks for visual recognition and description[J]. IEEE Transactions on Pattern Analysis and Machine Intelligence, 2017, 39(4): 677-691.

[5] Fu K., Jin J., Cui R., et al. Aligning where to see and what to tell: image captioning with region-based attention and scene-specific contexts[J]. IEEE Transactions on Pattern Analysis and Machine Intelligence, 2017, 39(12): 2321-2334.

[6] Ding S., Qu S., Xi Y., et al. Stimulus-driven and concept-driven analysis for image caption

generation[J]. Neurocomputing, 2020, 398: 520-530.

[7] He K., Zhang X., Ren S., et al. Deep Residual Learning for Image Recognition. Proceedings of the 2016 IEEE Conference on Computer Vision and Pattern Recognition[C]. Las Vegas: IEEE Computer Society, 2016: 770-778.

[8] Graves A., Schmidhuber J. Framewise phoneme classification with bidirectional LSTM and other neural network architectures[J]. Neural Networks, 2005, 18(5): 602-610.

[9] Sagheer A., Kotb M. Time series forecasting of petroleum production using deep LSTM recurrent networks[J]. Neurocomputing, 2019, 323: 203-213.

[10] Raskutti G., Wainwright M. J., Yu B. Early stopping and non-parametric regression: an optimal data-dependent stopping rule[J]. The Journal of Machine Learning Research, 2014, 15(1): 335-366.

第八章　裂缝性油藏自动历史拟合方法

本书前文介绍了针对具有非均质地质特征的常规油藏自动历史拟合方法，本章主要介绍针对具有复杂裂缝分布的裂缝性油藏自动历史拟合方法，包括裂缝性油藏数值模拟方法、二维离散裂缝模型的生成、嵌入式离散裂缝数值模拟及其代理模型构建、复杂裂缝网络反演求解方法等。

第一节　裂缝性油藏自动历史拟合概述

在世界范围内，裂缝性油藏的探明地质储量占石油总探明储量的30%以上。对于我国的石油与天然气开发，裂缝性油藏的勘探开发也占有越来越重要的地位[1-4]。裂缝性油藏储层深埋地下难以直接观测，如地应力场通常依赖于少量测井曲线插值完成、天然裂缝分布只能在统计层面进行建模[5]。因此，基于地质信息随机建模构建的离散裂缝模型具有极强的不确定性，难以直接应用于油藏的精细化开发管理。为减少裂缝建模的不确定性，有学者研究[6]基于油藏生产动态数据结合反演方法构建油藏裂缝分布预测方法，即历史拟合方法，根据油藏实际生产动态历史数据对裂缝性油藏数值模型中的不确定性参数进行反演调整，使得数值模型模拟预测的生产数据与实际生产动态历史数据之间的拟合误差尽可能小。

裂缝是裂缝性油藏的主要渗流通道，也是裂缝性油藏数值模型的不确定性主要来源，识别与准确描述裂缝对于裂缝性油藏数值模拟至关重要。裂缝性油藏自动历史拟合的反演对象主要是离散裂缝，具有多尺度、不规则、离散分布等特性，自动历史拟合方法应用于裂缝性油藏面临许多挑战性难题。

首先，对裂缝的几何形态进行自动历史拟合反演求解面临高维难题。裂缝性油藏储层通常含有数百条乃至数万条离散裂缝组成复杂的离散裂缝网络，每条裂缝建模需要位置、方向、长度等几何参数以及渗透率、孔隙度等物性参数。为解决这一难题，有学者通过选取少量关键参数进行反演或研究缝网的高效表征方法。Nejadi 等[7]采用离散裂缝模型表征压裂缝网并选取水力主裂缝的半长、传导率以及诱导裂缝的统计参数包括平均长度、平均传导率、发育强度进行反演。该方法通过缝网划分层次(主裂缝和诱导裂缝)以及使用统计参数的方法避免了高维难题，但是使用统计参数不可避免地引入了随机性。Zhang 等[8]针对致密油藏压裂缝网反演，采用分形树模拟方法表征压裂缝网，通过少量的分形几何参数生成包含多条分支裂缝的压裂缝网。尽管该方法能够减少反演参数，但对裂缝的几何形态做了假设即符合分形树模型。如何对复杂的多尺度裂缝网络进行精细优化调整的同时降低反演参数维数是裂缝性油藏自动历史拟合亟须解决的关键问题。

其次，自动历史拟合反演建模依赖于油藏数值模拟，反演求解中需要大量迭代调用油藏数值模拟计算，面临计算效率低、求解耗时的关键难题。油藏数值模拟是裂缝反演建模的基础，裂缝性油藏数值模拟的方法主要有多重连续介质模型、离散裂缝网络模型以及嵌入式离散裂缝模型等[9-11]。其中，嵌入式离散裂缝模型(EDFM)是在离散裂缝模型的基础上发展得到的，它对基质进行结构化网格表示，并通过裂缝与网格之间的相交关系划分裂缝，建立裂缝与基质之间的流动关系。由于无须对裂缝进行非结构网格表示，在计算效率和计算精度之间取得了很好的平衡，EDFM 模型在裂缝性油藏反演建模研究中被广泛应用。尽管 EDFM 模型相比于离散裂缝模型计算效率得到了显著提升，但是多尺度复杂缝网的存在使得流动计算复杂，计算仍然耗时，尤其是裂缝反演建模求解需要大量油藏数值模拟计算，限制了反演求解算法的性能。构建油藏数值模拟的代理模型方法是解决这一问题的有效手段，在反演建模领域常用的代理建模方法主要有基于物理、数据驱动以及数据和物理混合等的三种类型。由于裂缝性油藏流动模拟涉及复杂裂缝网络，底层流动机理复杂，数据驱动方法构建代理模型更为适用。数据驱动的油藏数值模拟代理模型主要分为传统机器学习模型和深度学习模型两种类型。采用传统机器学习方法构建裂缝性油藏数值模拟的代理模型包括高斯过程回归、支持向量回归等[12,13]，由于传统机器学习方法适用于低维问题，因此需要对裂缝性油藏模型进行简化，考虑少量关键参数进行反演求解。然而，考虑对离散裂缝模型进行更为精细的反演调整时，参数势必会显著增加，基于传统机器学习方法的代理模型将难以有效应用于反演求解。相比于传统机器学习方法，深度学习方法能够很好地对高维、强非线性问题进行建模，在常规油藏数值模拟的代理建模方面已取得了大量研究成果，但是其对于涉及复杂裂缝分布的裂缝性油藏研究较少。

最后，裂缝性油藏自动历史拟合反演建模作为典型病态反问题，面临多解性难题。反演建模是根据有限的生产数据去估计数值模型的不确定性参数，多解性不可避免，即存在多种可能的裂缝分布能够拟合生产历史数据。相比于常规油藏，裂缝性油藏复杂裂缝分布反演的多解性问题更加突出。缝网由成百上千乃至上万条离散裂缝组成，长短不一、方向不同的裂缝交织，空间分布关系复杂。考虑裂缝是流体的主要流动通道，裂缝的轻微变化可能引起流动效果的显著不同。

通过多解性求解，对缝网分布的可能情形进行充分描述，能够降低 CO_2 驱等提高采收率措施优化设计的风险，对裂缝性油藏的精细化开发管理具有重要意义。针对多解性难题，国内外学者对反演求解方法进行研究，主要形成了三种类型的求解方法：蒙特卡洛随机采样、数据同化方法以及基于种群的进化优化方法。理论上，蒙特卡洛随机采样方法能够对任意的概率分布进行采样，但受限于油藏数值模拟计算耗时，难以充分采样；数据同化算法计算求解效率高，但难以直接对具有离散特性的裂缝网络参数进行求解；基于种群的进化优化方法搜索灵活，也被称为智能优化算法，但往往也需要大量的数值模拟计算，随着智能优化理论的发展这一问题正在逐渐被克服。

近年来，随着大数据与人工智能理论方法的蓬勃发展，数据受到了科学和工程领域的重视。基于深度学习方法能够充分挖掘数据的底层内在规律与信息对复杂非线性过程进行建模与近似，构建非线性过程的输入与输出之间的映射关系，在油藏地质建模、数值模拟、反演求解等方面得到了大量的研究与应用。从数据角度，使用深度学习方法本质上是通过增强油藏数值模拟、地质建模等数据的利用程度来提升求解效率。深度学习方法不仅在常规油藏建模中得到了大量的研究，并且在裂缝性油藏反演建模中也有一些相关研究工作。Tripoppoom 等人[14]开发了页岩油藏裂缝网络的代理模型辅助反演建模方法，对比研究了基于邻近信息的 KNN 模型和克里金模型，他们的结果表明克里金模型的效果较好。Zhang 和 Sheng[15]也将克里金模型作为具有天然裂缝发育的页岩储层水力压裂优化的油藏数值模拟代理建模方法。Zhang 等[16]采用深度稀疏自编码器模型建立了裂缝性油藏反演建模的参数化方法，在该研究中利用深度人工神经网络模型来捕获裂缝网络的几何参数特征构建裂缝网络模型的降维重参数化表征方法，将离散裂缝模型的高维参数降维至低维连续空间，以便结合数据同化方法进行裂缝网络反演求解。Chen 等[17]采用变分自编码器和生成对抗网络将裂缝网络的高维参数重参数化表征为低维连续参数进行裂缝网络反演建模。在他们的研究中，每个裂缝的几何参数被组合成向量数据进行特征学习。针对裂缝性油藏数值模拟计算效率低的难题，Yan 等[18]建立了基于深度卷积神经网络的代理模型用于增强型地热系统的裂缝网络分布反演求解，他们把离散裂缝等效建模为连续的裂缝渗透率场进而使用卷积神经网络预测地热系统的温度场。Kim 和 Durlofsky[19]提出了一种基于深度学习方法的裂缝性油藏数值模拟代理模型并用于生产优化问题，在该研究中利用压力方程的单相稳态解替代裂缝网络输入 CNN 模型中进行深度学习预测。可以看到，以上这些研究成功地将深度学习方法应用于复杂裂缝性油藏的反演建模或生产优化任务中。

第二节 裂缝性油藏数值模拟方法

裂缝从岩石物理的角度是指受变形或成岩作用产生的地质不连续面，是最小的地质构造。在地下流体动力学中，把裂缝发育的岩体称为裂缝性介质。裂缝的分布通常具有很强的随机性，其大小也具有显著的多尺度特征；同时，裂缝既可作为流动通道也可视为流动屏障(被淤泥等充填)。因此，建立一套准确有效的流动数学模型及其数值模拟方法是困难的。目前，在科学和工程领域发展出多种裂缝性介质流动数学模型，主要包括连续性介质模型、离散裂缝模型以及嵌入式离散裂缝数值模拟模型三种方法。

双重介质模型由苏联 Barenblatt 等人[20]提出，该模型认为在裂缝性岩体中同时存在两个独立的平行系统，即基质系统和裂缝系统，其中裂缝系统作为主要流动通道，孔隙性好的基质系统则作为主要储集空间。裂缝系统和基质系统广泛分布在裂缝性介质中，在渗流场中的任意位置既有基质孔隙又含有裂缝介质，裂缝和基质之间的流体交换以窜流函数建立联系。该模型因其概念简单、计算效率高，在石油工业中得到了长足发展和广泛应用[11,12]。但是，被裂缝分割的基质岩块被假定具有相同的大小和形状，过于简化而不能充分表现出裂缝介质的各向异性、不连续性等特征。对此，Pruess 等人[21]提出了多重相互作用的连续介质(Multiple Interaction Continuum，MINC)模型。MINC 模型假设裂缝性介质中流体流动在裂缝介质中是瞬时状态，在基质中是缓慢状态，计算精度相比双重介质模型有所提升。但它仍属于双重介质模型范畴，物质交换系数难以确定，尤其是对于两相和多相流问题。双重介质模型的优点是计算简单高效，能够适应微小尺度裂缝密集发育的裂缝性油藏。在双重介质模型基础上，Snow[22]提出了等效连续介质模型，该模型认为岩石孔隙介质和裂缝均匀分布于整个计算区域内，裂缝岩体表现出与多孔连续介质相似的渗透特性，流场在空间点上连续分布，渗流场的求解是以渗透率系数张量为基础的。Witherspoon[23]认为若最大节理间距与构筑尺寸之比小于 0.02 时，可以采用等效连续介质模型；Long[24]的进一步研究指出仅当存在表征单元体积 REV 及对称等效渗透张量时，等效模型才是适用的。然而，当储层中的裂缝发育较差时，运用连续介质理论分析，会产生较大误差。

为了更精细地描述裂缝对流体流动的影响，有学者研究建立了离散裂缝模拟模型。离散裂缝模拟模型最初是应用于岩石水文地质领域，对裂缝和基质的描述更加精细，既显式地描述离散裂缝在基质中的分布，又显式建模流体在基质和裂缝中的流动过程。离散裂缝模拟模型对裂缝采用了降维处理，即把裂缝处理为线段从而降低数值求解代价，对于裂缝性介质的非均质特征描述更为准确。它最早是由 Noorishad 等人[25]提出的，主要是针对二维孔隙介质中的单相渗流问题，采用有限元法求解瞬态运输方程。Baca[26]也对离散裂缝模拟模型进行了研究，他将基岩的面单元和裂缝的线单元进行组合，能够实现单元体上控制方程的相互叠加。随后，有限体积、有限元等方法也被应用于分析裂缝性介质的两相流渗流问题。然而，对于实际裂缝性油藏裂缝分布复杂并且数量众多，离散裂缝模拟模型需要采用非结构化网格对裂缝进行数值建模。非结构化网格能够灵活地建模裂缝在储层基质中的分布，但是仅采用非结构化网格进行数值模拟具有计算效率低、求解耗时的缺陷。实际裂缝性油藏分布范围广，精细描述通常需要数十万乃至上百万的网格，离散裂缝模拟模型的非结构化网格在实际工程中应用受限。

在离散裂缝模拟模型的基础上，Li 和 Lee[27,28]提出了嵌入式离散裂缝数值模拟模型(Embedded Discrete Fracture Model，EDFM)，随后 Moinfar[29]和 Tene 等[30]对其进行了进一步的开发与应用。EDFM 模型将裂缝性油藏分为基岩和裂缝两套系统，基岩油藏使用正交结构网格模拟计算，离散裂缝嵌入正交网格体系中，根据网格交接面的大小计算缝与基岩之间的窜流量。这样既保留了正交网格计算的速度，又嵌入了离散裂缝模拟的精度，在计算效率和计算精度之间取得了很好的平衡，能够有效解决大规模复杂裂缝性油藏精细模拟问题。

第三节　二维多尺度离散裂缝网络随机建模方法

一、离散裂缝模型

裂缝性油藏建模方法主要包括连续性介质模型和离散裂缝模型。连续性介质模型包括双重介质模型以及等效连续性介质模型等，以连续介质力学作为理论基础对裂缝性介质进行处理，能够从宏观尺度对裂缝性介质的流体流动进行描述，适用于中小尺度裂缝密集发育的裂缝性油藏数值模拟。连续性介质模型把裂缝处理为连续介质，隐式表征裂缝，因此数值求解中无须显式地建模裂缝的位置、走向等几何分布，网格处理简单，计算效率高，但是也难以准确描述裂缝对流体流动的影响，计算精度不足。相比较而言，离散裂缝模型显式化表征裂缝在基质中的分布，包括裂缝的长度、位置、走向、密度等几何参数。如图 8-1 所示为二维空间中一条单一裂缝的几何表示。基于随机模拟方法，离散裂缝模型对裂缝的长度、方位等几何参数进行模拟，使最终构建的天然裂缝分布符合预设的地质统计特

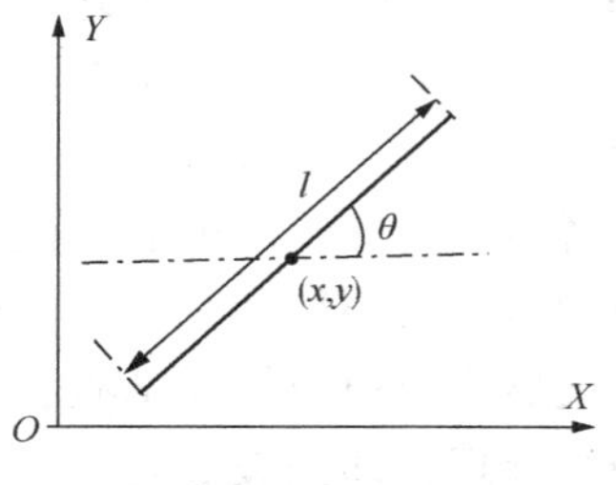

图 8-1　二维裂缝的几何表示

征。实际的裂缝性油藏中裂缝分布复杂，具有离散、多尺度、不规则等特征，导致储层非均质特性显著。离散裂缝模型能够全显式地表征与刻画裂缝在油藏储层中的分布状态，建模精度高，为裂缝性油藏研究提供了更精细的模拟手段，例如水力压裂中的裂缝扩展、裂缝变形、水力裂缝与天然裂缝相互作用等研究问题。离散裂缝模型显式地描述裂缝分布，对于开展裂缝性油藏自动历史拟合预测裂缝分布也提供了很好的模拟方法，可以更为精细地刻画裂缝网络的整体分布形态，包括裂缝数量、裂缝发育密度、裂缝的多尺度特征、裂缝的几何分布等，因此本章主要介绍以离散裂缝模型作为基础的裂缝性油藏自动历史拟合方法。

二、基于分形尺度模拟的离散裂缝建模方法

多尺度特性是离散裂缝网络的重要特征，在离散裂缝模型中，对于裂缝长度，常用的分布函数有指数分布、对数正态分布及伽马分布等。为准确描述裂缝网络的多尺度行为，本书介绍一种分形几何方法对裂缝长度进行建模，如图 8-2 所示。分形几何方法提供了一种利用裂缝网络中的最大长度、最小长度以及分形维数来模拟生成裂缝长度的方法，是一种能够有效模拟裂缝尺度特性的建模方法[31]。考虑一个二维裂缝网络，其中裂缝长度大于或等于 l 的裂缝累计数目 $N(l)$ 为：

$$N(l)=(l_{\max}/l)^{D_l} \tag{8-1}$$

式中，D_l 表示分形维数，二维裂缝网络中 $0\leqslant D_l\leqslant 2$；$l_{\max}$ 表示一个裂缝网络中裂缝的最大长度。

给定裂缝网络中裂缝的最小长度 $l_{\min}$，则裂缝网络中裂缝的总数量 N_{to} 可以根据公式(8-2)计算：

$$N_{to}=(l_{\max}/l_{\min})^{D_l} \tag{8-2}$$

假设公式(8-2)是连续可微函数并对公式(8-2)进行求导，则可以获得：

$$-\mathrm{d}N(l)=D_l l_{\max}^{D_l} l^{-(D_l+1)}\,\mathrm{d}l \tag{8-3}$$

公式(8-3)中的负号表示随着裂缝长度增加网络中累计裂缝数目 $N(l)$ 减小，这符合实际裂缝分布的特性。公式(8-3)两边与公式(8-2)相除即可获得裂缝长度分布的概率密度函数 $p(l)$：

$$p(l)\,\mathrm{d}l=D_l l_{\min}^{D_l} l^{-(D_l+1)}\,\mathrm{d}l \tag{8-4}$$

相应地，裂缝长度分布的累计概率密度函数可以通过积分获得：

$$R(l)=\int_{l_{\min}}^{l} p(l)\,\mathrm{d}l=1-(l_{\min}/l)^{D_l} \tag{8-5}$$

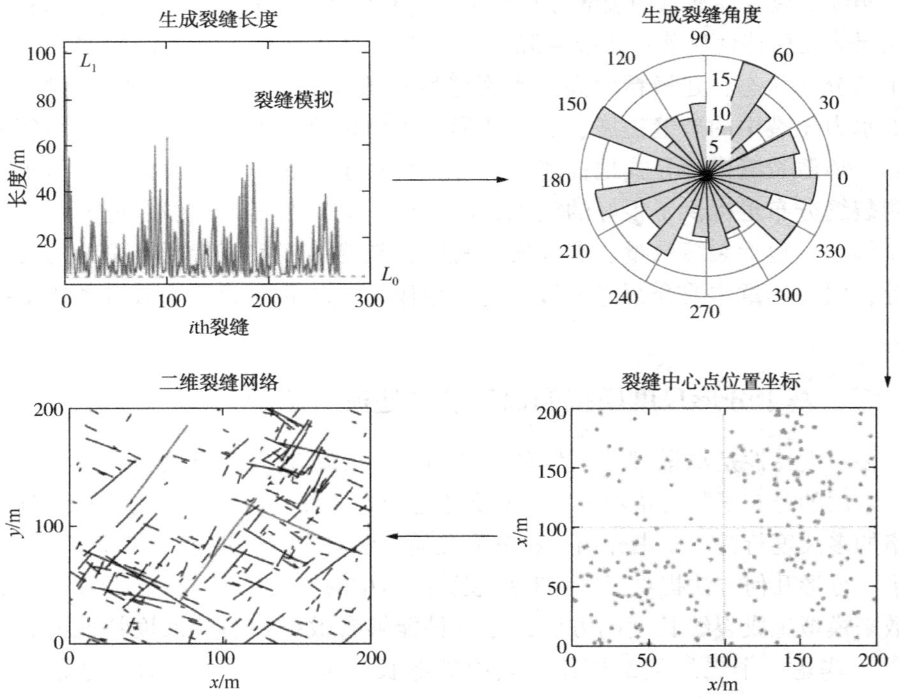

图 8-2　二维多尺度离散裂缝网络生成示意图

根据公式(8-5)，随着裂缝长度趋于裂缝最小长度，累积概率趋于 0；反之，随着裂缝长度趋于裂缝最大长度，累积概率趋于 1。公式(8-6)提供了裂缝长度的分形模拟方法，即随机生成 0 到 1 之间的随机数 r，即可获得对应的分形长度：

$$l_i=\frac{l_{\min}}{(1-r)^{D_l}},\ (i=1,\ \cdots,\ N_{\mathrm{to}}) \tag{8-6}$$

基于裂缝长度的分形模拟方法即可生成具有多尺度特性的裂缝网络。

对于裂缝的位置建模，可以使用基于点过程方法。确定裂缝位置的随机过程通常包括泊松过程、Cluster 过程、Cox 过程及马尔科夫过程等[32]。其中泊松过程最为常用，所用分布函数为均匀分布，其概率密度函数为基于分形几何的裂缝长度随机建模方法：

$$f(x,\ y)=1/Ar \tag{8-7}$$

式中，$(x,\ y)$为裂缝中心的坐标；x 和 y 为研究区域的连续随机变量；Ar 表示研究区面积。

裂缝走向随机建模方法包括均匀分布、von-Mises 分布以及正态分布等，本研究采用正态分布建模裂缝走向，正态分布的概率密度分布函数如下所示：

$$f(\theta|\mu, \sigma)=\frac{1}{\sqrt{2\pi}\sigma}\exp\left(-\frac{(x-\mu)^2}{2\sigma^2}\right) \tag{8-8}$$

式中，θ 为裂缝走向；μ 和 σ 为裂缝走向的均值和方差。

在完成裂缝的位置、长度以及走向建模之后即可得到裂缝在二维空间中的分布。为便于编程计算，进一步根据长度、走向参数计算裂缝的端点坐标。根据简单的几何推理，可以获得裂缝的端点坐标分别为$(x-L\sin\theta/2,\ y-L\cos\theta/2)$和$(x+L\sin\theta/2,\ y+L\cos\theta/2)$。

在二维裂缝流动模拟计算中，裂缝被简化为光滑平行板模型，裂缝开度与裂缝长度正相关，并且裂缝渗透率服从立方定律，即：

$$a=c_a\cdot L \tag{8-9}$$

$$k_f=h^2/12 \tag{8-10}$$

式中，a 表示裂缝开度；c_a 为裂缝开度与长度的相关系数；k_f 表示裂缝渗透率。

三、离散裂缝网络参数化表征方法

采用离散裂缝对裂缝网络进行显式表示能够准确描述裂缝对流体流动的影响。但是对于裂缝分布预测问题，考虑对裂缝网络在所有裂缝的几何参数进行预测较为困难，一方面，数百上千条裂缝的几何参数进行预测存在高维求解难题，另一方面，单一的微小裂缝本身影响较小难以准确预测，另外，裂缝性储层关于裂缝网络的先验信息以及大尺度裂缝，对于储层流体流动影响更为显著，本节介绍一种基于主要裂缝与次要裂缝的混合分层参数化方法。其中，对大尺度主要裂缝的具体几何参数进行参数化表征，对于微小的次要裂缝采用统计参数进行表征并随机模拟生成。通过岩心分析、图像测井、钻杆测试报告、地应力测量或地质力学模型预测等收集数据，可以获得主要裂缝的几何分布信息，如裂缝长度、裂缝走向和裂缝分布位置等[33]。这些裂缝通常是大尺度的并且会显著影响储层流体的流动行为。为了准确预测这些主要裂缝，采用几何参数对主要裂缝进行精确建模，主要裂缝的表征参数 m_1 如公式(8-11)所示：

$$m_1=(l_i,\ x_i,\ y_i,\ \theta_i)_{i=1,\cdots,N_1} \tag{8-11}$$

其中，N_1 为大尺度裂缝的数量，根据先验地质信息获得。

对于次要裂缝采用统计参数进行表征，考虑与主要裂缝之间的尺度关系，提出一个尺度控制参数 α，即次要裂缝的最大长度为 αl_s，其中 l_s 为主要裂缝的最小长度，结合分形维数以及最小裂缝长度，根据分形模拟方法即可确定次要裂缝的数量以及对应长度，并随机生成对应的位置、走向。

考虑裂缝网络中，裂缝一般具有多个裂缝组，每个裂缝组的裂缝走向存在明显差异，因此定义裂缝组的发育强度即不同裂缝组中裂缝的数量与总裂缝数量的比例，假设有 N_s 个裂缝组，第 j 个裂缝组的发育强度为：

$$\lambda_j = N_j / N_{to} \tag{8-12}$$

另外，裂缝网络中不同区域裂缝发育密度具有显著差异，为便于预测求解，油藏区域被均匀划分为 N_r 个子区域，裂缝密度被定义为不同子区域次要裂缝数量与次要裂缝总数量的比例，第 k 个区域的裂缝发育密度为：

$$\gamma_k = N_k / N_{to} \tag{8-13}$$

考虑主要裂缝数量远远小于次要裂缝数量并且主要裂缝的位置、走向是准确预测的，仅对次要裂缝进行裂缝组发育强度以及不同区域的分布密度计算。综上，次要裂缝的表征参数 m_2 为：

$$m_2 = \{D_l,\ (\lambda_j,\ \mu_j,\ \sigma_j)_{j=1,\cdots,N_s},\ \gamma_{k,k=1,\cdots,N_r}\} \tag{8-14}$$

通过以上对于主要裂缝和次要裂缝的参数化方法，即可根据先验地质信息生成具有多尺度特性的复杂裂缝网络并进行分布反演预测。该参数化方法的参数总维数为 $4\times N_1+3\times N_s+N_r+1$，其中 N_1 为主要裂缝数量，N_s 为裂缝组数，N_r 为子区域数量，本研究中，仅考虑两组交叉裂缝情形，并将油藏划分为 4 个子区域进行裂缝密度估计。

四、二维离散裂缝生成模拟实验

本节对提出的主要裂缝与次要裂缝分层参数化方法进行数值验证。油藏区域大小为 200m ×200m，主要裂缝为 1 条，长度为 100m，最小裂缝长度为 1m。首先生成具有不同分形维数的多尺度裂缝网络，模拟结果如图 8-3 所示，其中，灰色线条表示主要裂缝，黑色线条表示次要裂缝，裂缝网络的分形维数分别为 1.2、1.4 以及 1.6。从图中可以看到，随着分形维数增加，次要裂缝数量随之增加，并且次要裂缝模式也更为复杂。这是由于分形维数增加导致次要裂缝中的较长裂缝出现的概率增大，长裂缝相互交叉产生了复杂的模式。

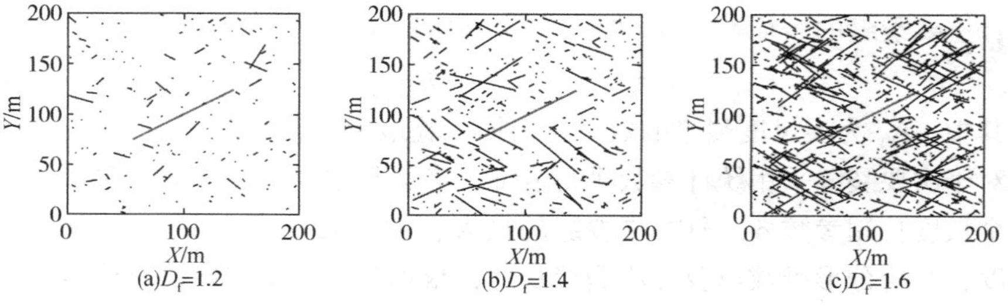

图 8-3 不同分形维数下的裂缝网络生成模拟结果

尺度控制参数能够影响次要裂缝的长度模拟结果，如图 8-4 所示，研究不同的尺度控制参数对裂缝网络生成模拟效果的影响。可以看到，尺度控制参数分别选取 0.2、0.4 以及 0.7 时生成的裂缝网络模式也明显不同。当尺度控制参数为 0.2 时，意味着次要裂缝的最大长度为 20m，生成的次要裂缝为微小裂缝密集发育；当尺度控制参数为 0.7 时，意味着次要裂缝的最大长度为 70m，生成的次要裂缝中有较多的长裂缝，使得裂缝网络的模式变得复杂。

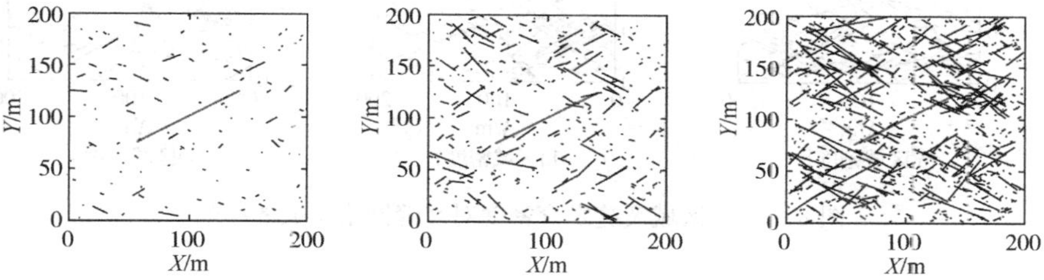

(a)α=0.2　(b)α=0.4　(c)α=0.7

图 8-4　不同尺度控制参数对应的裂缝网络生成模拟结果

如图 8-5 所示，设置裂缝组数分别为 1 和 2 两种情形进行对比，其中，裂缝组的角度方差设置为 5。可以看到，当设置裂缝组数为 1 时，生成的裂缝网络为单一走向的裂缝发育情形，而主要裂缝可以看作人工裂缝。当裂缝组数为 2 时，生成了正交裂缝网络，可以模拟一些干热岩中的裂缝发育情形。

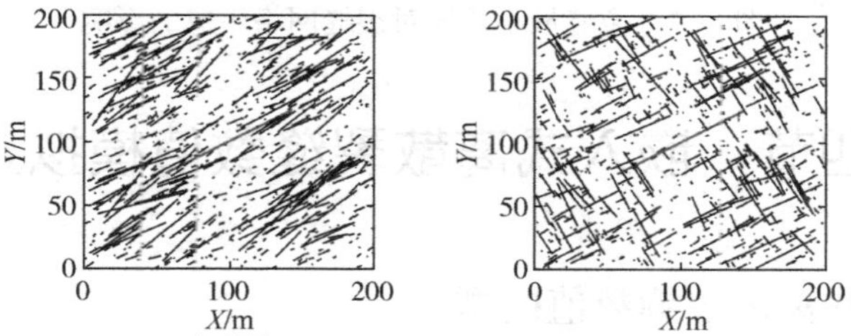

(a)1个裂缝组　(b)2个裂缝组

图 8-5　设置不同裂缝组数进行裂缝网络生成模拟研究

如图 8-6 所示，设置了三种不同的区域密度组合，研究区域发育密度对生成裂缝网络的影响。图 8-6(b)中裂缝网络的四个子区域的裂缝密度分别为 0.42、0.08、0.42、0.08，可以看到，左下角和右上角区域密度为 0.42，所以次要裂缝主要集中在这两个区域。控制每个子区域的发育密度，将会产生不同的裂缝分布情形。

如图 8-7 所示，我们研究了不同最小裂缝长度对裂缝网络生成的影响。最小裂缝长度分别为 1m、2m 以及 5m，可以看到随着最小裂缝长度增加，裂缝网络中的裂缝数量快速减少，并且裂缝网络变得相对简单。由此可知，在分形几何建模中，最小裂缝长度决定了对裂缝网络的建模分辨率。在实际问题建模中，我们可以根据油藏实际情形结合地质先验信息进行最小裂缝的选择。

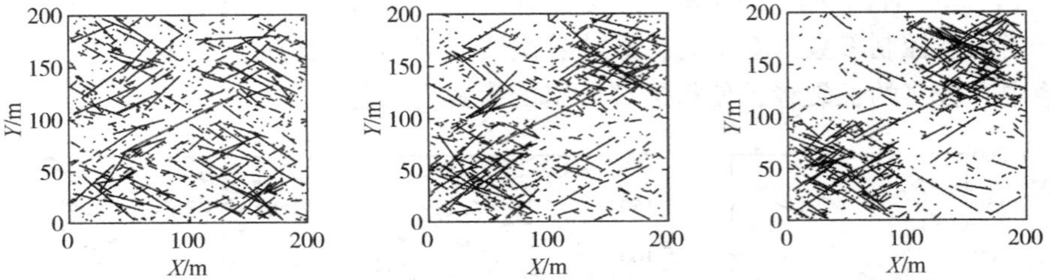

(a)区域密度1　(b)区域密度2　(c)区域密度3

图 8-6　子区域裂缝发育密度对裂缝网络生成的影响

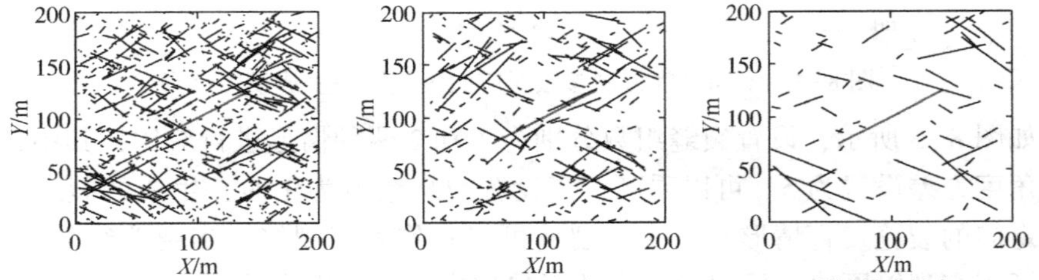

(a)裂缝最小长度1m　(b)裂缝最小长度2m　(c)裂缝最小长度5m

图 8-7　裂缝最小长度对裂缝网络生成的影响

第四节　嵌入式离散裂缝数值模拟方法

一、嵌入式离散裂缝数值模型

裂缝性油藏的流体流动受复杂的裂缝网络分布影响，因此建立一套准确有效的流动数学模型及其数值模拟方法是困难的。裂缝性油藏数值模拟模型主要有双重介质模型、离散裂缝数值模拟模型以及嵌入式离散裂缝数值模拟模型等。其中，双重介质模型把裂缝和基质建模为连续介质，裂缝系统作为主要流动通道，孔隙性好的基质系统则作为主要储集空间，两套系统均遍布于裂缝性岩体中，在渗流场的任一点既有孔隙又有裂缝，两个系统间以窜流函数联系起来。该模型概念简单、计算效率高，但是模型过于简化而不能充分表现出裂缝介质的各向异性、不连续性等特征，计算精度低。离散裂缝模型能够对裂缝进行显式表示和降维处理，精细描述裂缝介质的非均质性与渗流特征，由于裂缝的几何形态复杂，为了满足离散裂缝模型运算精度的要求，需采用非结构化网格进行模拟计算，因此应用于实际油藏存在数值模拟拟计算量大、效率低的问题。而嵌入式离散裂缝模型综合了双重介质模型与离散裂缝模型的优点，采用结构化网格，采用正交网格划分基质，裂缝采用显式表征方式，通过数学处理嵌入在基质的结构化网格中，相比于离散裂缝模型计算量大幅度降低，在计算精度与计算效率之间取得了很好的平衡，因此本研究以嵌入式离散裂缝模型作为裂缝性油藏的数值模拟方法开展研究。

如图 8-8 所示，在嵌入式离散裂缝模型中，裂缝降维嵌入在基质的结构化网格中，基质系统和裂缝系统在几何上几乎完全独立。为了建模裂缝和基质之间的流量交换，模型采用了两个关键参数即交换系数和传递系数，并根据基质和裂缝之间的连接关系对其进行计算。在嵌入式离散裂缝模型中，裂缝和基质之间存在四种类型的连接关系进行流量交换计算：①相邻基质网格单元之间的连接（M1、M2、M3、M4）；②同一条裂缝相邻网格单元之间的连接（F1 和 F2）；③裂缝网格单元与其所在的基质单元之间的连接；④交叉裂缝在交叉点处网格单元的连接（F3 和 F4）。嵌入式离散裂缝模型借用了井指数的概念计算裂缝与基质之间的传导系数，基质侧传导系数 T_m 计算公式为：

$$T_m=\frac{k_m(2A_f)}{\langle d\rangle_{fm}} \tag{8-15}$$

裂缝侧传导系数 T_f 计算公式为：

$$T_f=\frac{k_f(2A_f)}{a_f} \tag{8-16}$$

式中，A_f 表示裂缝单元的表面积；$\langle d\rangle_{fm}$ 是基质网格与裂缝网格之间的平均规范化距离；a_f 是裂缝的开度。

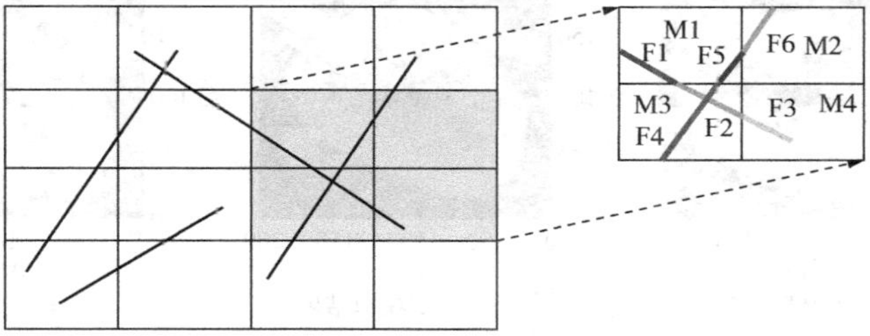

图 8-8　嵌入式离散裂缝数值模拟模型计算示意图

关于嵌入式离散裂缝模型计算的更多细节可以参考 Lee 和 Moinfar 等人的相关研究工作[27-29]。

二、裂缝性油藏数值模拟实验

本节设置不同的裂缝网络分布模式并结合嵌入式离散裂缝数值模拟方法进行裂缝性油藏流动模拟验证。考虑一个二维油水两相裂缝性油藏，油藏区域为200m ×200m，基质网格划分为 100 ×100。油藏基质渗透率为 3mD，基质孔隙度设置为 0.2；裂缝渗透率根据裂缝长度以及立方定律进行计算，裂缝孔隙度设置为 0.3。油藏区域配置一口注入井 Inj1 以及四口生产井 Pro1 ~ Pro4，油藏模拟生产 900 天。裂缝网络的生成采用提出的分层参数化方法，假设有一条主要裂缝，长度为 100m，走向为 30°，位于油藏区域中心。

首先，采用分形维数 1.2、1.4 以及 1.6 模拟生成三组裂缝网络进行对比研究，其余次要裂缝参数相同。次要裂缝包含两个裂缝组，平均走向分别为 35°和 135°，走向方差均为 10°；裂缝在四个子区域发育密度相同；尺度控制参数为 0.7，最小裂缝长度设置为 2m。图 8-9 展示了三种裂缝网络及经过 900 天模拟生产对应的剩余油饱和度场，可以看出，主要裂缝影响着流体流动的主要形态，但是随着分形维数增加，次要裂缝长度和数量增加，裂缝网络模式更加复杂，导致剩余油分布也更为复杂。

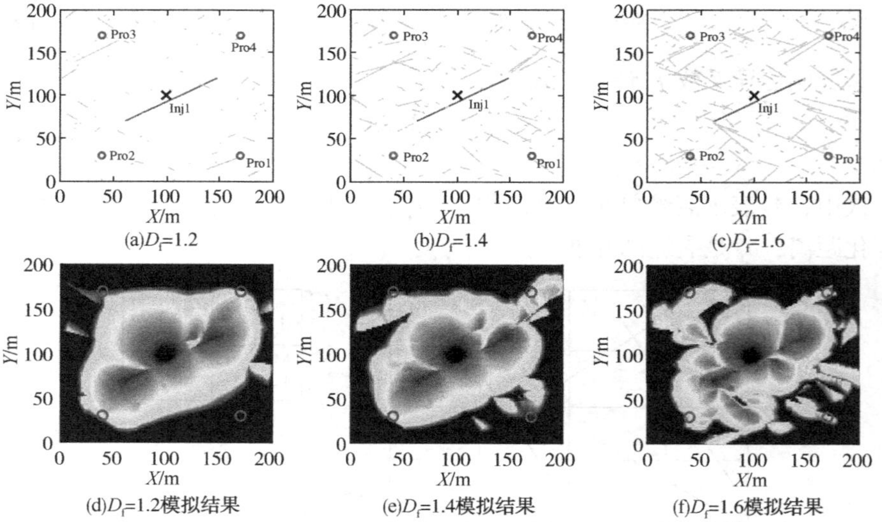

图 8-9　对比不同分形维数生成的裂缝网络与数值模拟结果

其次，改变两组裂缝组的走向和方差生成正交缝网，分形维数为 1.6，对应的裂缝网络与流动模拟结果如图 8-10 所示，可以看到，正交裂缝的驱替效果较差，驱替面积小且更为分散。

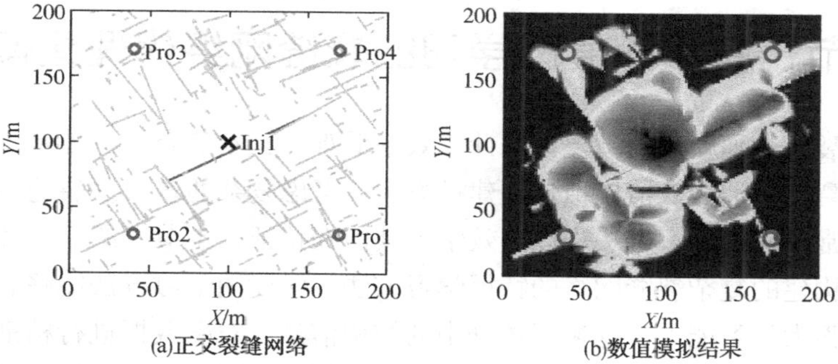

图 8-10　正交裂缝网络及对应的油藏数值模拟结果

最后，生成单组裂缝进行流动模拟。如图 8-11 所示，首先生成一组次要裂缝与主要裂缝走向一致的裂缝网络，可以看到对应的流场也与主要裂缝走向一致，生产井 Pro2 和 Pro4 方向为主要流动方向，另外两口生产井未见水。另外，生成一组次要裂缝与主要裂缝走向正交的裂缝网络，可以看到流场分布更为分散复杂，四口生产井都见水。

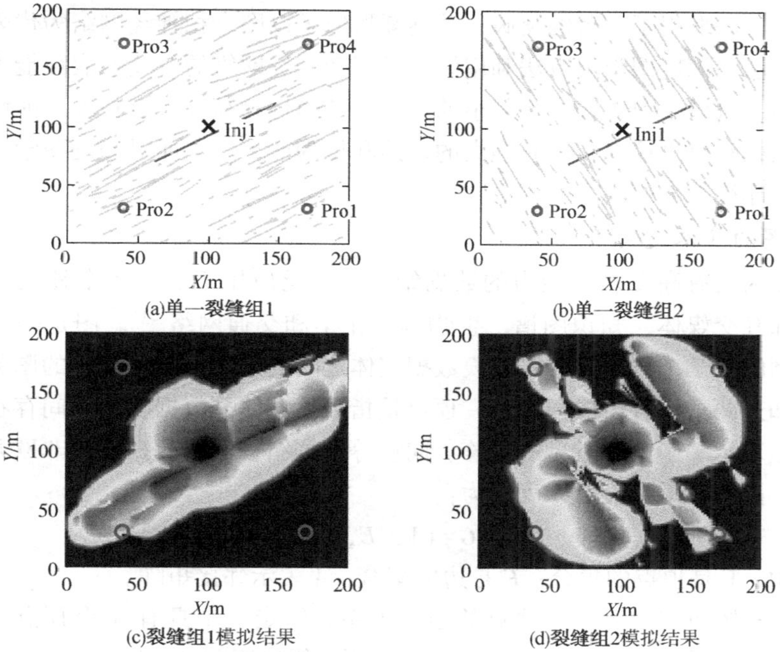

图 8-11　单一裂缝组的油藏模拟效果对比

第五节　基于深度图学习的裂缝网络代理建模方法

针对裂缝性油藏自动历史拟合计算效率低难题，本节介绍一种基于深度图学习方法的裂缝性油藏数值模拟代理建模方法。考虑复杂的多尺度裂缝网络具体离散特征，常规深度学习方法难以有效学习其内在特征，本节介绍一种使用深度图学习方法构建的复杂裂缝网络的特征学习方法。深度图学习方法能够利用深度神经网络的强大学习能力来挖掘图数据中的结构信息，对图数据进行精准分析，在社交网络、推荐系统、生物医学和网络安全等领域得到了广泛应用。将深度图学习与递归神经网络结合构建嵌入式离散裂缝数值模拟的高精度代理模型，能够有效解决裂缝性油藏自动历史拟合面临的油藏数值模拟计算效率低难题。

一、深度图学习方法基本理论

图数据的复杂性和多样性带来对其感知推理的巨大挑战，为了有效处理图结构数据，研究人员开发了各种图学习模型。随着深度学习的发展，针对图数据的机器学习方法取得了显著的突破，并逐渐形成了以图卷积神经网络为代表的深度图学习方法。深度图学习方法利用深度学习和神经网络的非线性表征能力和参数学习能力，可以学习图数据上复杂的非线性图结构和高维节点特征，能够从数据中捕捉结构和语义信息，具有强大的表达和推理能力。下面对深度图学习方法的基本概念作简单介绍。

1. 图的基本定义

图作为具有高度表达能力的数据结构，广泛应用于表示各个领域的复杂数据，例如社交媒体、知识图谱、生物学、化学和交通网络[34]。图是一种描述非结构数据的数学工具，它可以建模数据实体之间的连接关系。基本的图数据通常由顶点和边两个集合组成，其中，顶点是指数据实体，数据实体之间存在的连接关系由边表示。不同于常见的矩阵、向量等数据结构，图数据属于非欧几里得数据结构，图的数学定义可以表示为：

$$G=(V, E, A) \tag{8-17}$$

式中，V 是顶点的集合；E 是边的集合；A 表示邻接矩阵。

邻接矩阵可以描述图中顶点的连接关系。给定一个具有 N 个顶点的无向图 $G=(V, E)$，顶点集合 $V=\{v_1, v_2, \cdots, v_N\}$，邻接矩阵 $A\in\mathbb{R}^{N\times N}$，$A_{ij}=1$ 表示节点 $v_i\in V$ 和节点 $v_j\in V$ 之间存在连接关系，即存在边 $e_{ij}\in E$，否则 $A_{ij}=0$。对于无向图，邻接矩阵 A 是一个对称矩阵，即 $A_{ij}=A_{ji}$，$\forall i\neq j$。

2. 图表示学习

图表示学习是一种从图结构数据中学习深层次特征，并将图数据转化为向量表示特征的方法。近年来，随着图结构数据在各领域，例如社交网络、知识图谱和推荐系统等的应用，图表示学习被广泛研究[35]。图表示学习的目标是把图结构数据映射到低维连续向量空间并能够提取和学习到图数据的内在特征。常用的图表示学习方法主要有图嵌入和图神经网络等两种类型方法。其中，图嵌入方法是基于传统的统计方法例如分类、聚类等将图数据处理为低维连续向量，图嵌入方法的目的是进行顶点的表示学习，不关注下游任务；而图神经网络方法(GNN)是基于机器学习中的神经网络模型对图数据进行特征学习，并可以与下游任务相结合，建立机器学习模型，解决各种任务需求。图神经网络方法可以学习图数据的顶点、边和图结构本身的有意义表示。发展至今，图神经网络方法主要包括基于谱域和空域的两种类型，下面对这两种类型方法做简要介绍。

基于谱域的图神经网络是基于图谱理论构造图卷积学习方法，以图信号处理作为基础，利用傅里叶变换将图信号转换在谱域中进行卷积计算。基于谱域的图神经网络首先计算图信号的拉普拉斯矩阵的特征值和特征向量用于傅里叶变换，原始的图数据经过傅里叶变换到谱域中进行卷积计算，然后通过傅里叶逆变换还原图结构。典型的基于谱域的图神经网络方法有谱图卷积网络模型(Spectral GCN)[36]，切比雪夫图网络模型(ChebyNet)[37]以及图卷积神经网络模型等。谱图卷积网络模型是早期的图卷积研究工作，存在计算复杂度高，对具有不同结构的图数据适应性差等问题，切比雪夫图网络模型采用切比雪夫多项式构建了近似谱卷积核，具有局部近似优点，学习参数复杂度显著降低，运算效率也极大提升，在切比雪夫图神经网络基础上将切比雪夫多项式降为一阶发展得到了经典的图卷积神经网络方法，是深度图学习的典型方法之一。然而，基于谱图卷积的图神经网络方法对图数据进行学习时需要预知图数据的全局信息计算拉普拉斯矩阵，在图神经网络模型训练时需要存储完整的图信息，对内存需求极大，在实际问题中应用受限。

在谱图卷积神经网络方法的基础上，有学者研究发展了基于空域的图神经网络方法。基于空域的图卷积神经网络从图数据的空间结构上通过顶点的连接关系进行顶点特征的采样、传播与聚合，无须预知完整的图结构信息以及对图进行拉普拉斯矩阵的谱分解，因此适应性与计算效率均得到了显著提升。典型的基于空域的图神经网络方法包括GraphSAGE模型[38]、图注意力网络模型(Graph Attentation Network，GAN)[39]等。GraphSAGE模型利用顶点及其连接的相邻顶点信息进行顶点特征学习与更新，并可以扩展到其连接顶点的下一级连接顶点，实现信息的多重聚合，具有很好的扩展性。图注意力网络模型将注意力机制引入深度图学习中，采用注意力计算相邻顶点的权重信息用于顶点的特征更新，使得模型能够有效区分不同顶点之间的重要性，并能够学习顶点本身的自注意力，该模型简单高效，具有良好的可扩展性与可解释性，被广泛应用于深度图学习任务。

二、嵌入式离散裂缝数值模拟的代理模型

本节以嵌入式离散裂缝模型作为裂缝性油藏的数值模拟方法，并构建对应的代理模型。考虑嵌入式离散裂缝数值模拟中裂缝网络对流体流动起主导作用，因此本节主要将裂缝系统作为代理模型的输入，基质系统作为连续性地质参数，可以使用卷积神经网络进行特征学习。在裂缝性油藏自动历史拟合问题中，油藏数值模拟需要根据反演调整后的裂缝分布计算对应的生产动态数据，例如油水井的产水量、产油量以及井底压力等。在反演求解中，裂缝分布的轻微变化可能会导致生产模拟数据大幅度变化，这种情形进行生产数据预测对裂缝系统的特征更加敏感。因此，构建适用于裂缝分布反演的代理模型，考虑以裂缝分布作为输入，以油藏生产数据作为输出，建立从裂缝分布到油藏模拟数据端对端的学习模型，在自动历史拟合反演求解中可以完全替代油藏数值模拟进行模拟数据的预测，从而提高裂缝分布反演的求解效率。具体地，本章所介绍的裂缝性油藏数值模拟模型的代理建模任务可以表达为：

$$f: G \rightarrow Y \in \mathbb{R}^{T \times N_{\mathrm{d}}} \tag{8-18}$$

式中，f 表示代理模型学习的映射函数，属于机器学习中的函数学习方法；G 表示油藏中的裂缝网络参数；Y 表示油藏生产动态数据；N_{d} 表示需要进行历史拟合的生产指标个数；T 表示历史拟合中生产观测时间步数。

基于深度学习方法建立油藏数值模拟代理模型的关键在于输入特征的学习与提取。裂缝性油藏嵌入式离散裂缝数值模拟的关键输入特征包括基质、裂缝系统以及注采井等。其中，基质是连续的地质结构，可以使用基质渗透率场以及孔隙度场等参数场进行描述，结合深度卷积神经网络方法即可有效学习与提取基质特征，在本书第七章已有介绍；裂缝分布对于裂缝性油藏流体流动具有主导作用，由于裂缝分布具有多尺度、不规则、离散等特征，常规深度学习方法难以有效处理，因此本章主要介绍如何建立适用于复杂裂缝分布的特征学习方法并应用于裂缝性油藏数值模拟代理建模预测任务。

图 8-12 展示了本节所介绍的代理模型结构示意图。首先，构建裂缝网络的图表示，并基于空域图神经网络模型与注意力机制建立复杂多尺度裂缝网络的特征学习方法，提取裂缝网络的深层次的向量表示特征；其次，基于提取的裂缝网

络特征对注采井的生产动态数据进行时间序列预测学习，考虑生产动态数据的时间依赖特性，采用多层递归神经网络方法建立生产动态数据预测模块；最后，裂缝网络特征提取模块与生产动态数据预测模块联合建立端对端的深度学习模型。该模型称作 GAT-LSTM 模型，GAT 表示图注意力网络用于裂缝特征学习，LSTM 表示长短期记忆神经网络用于生产数据的时间序列学习，下面对 GAT-LSTM 模型的各组成部分进行详细介绍。

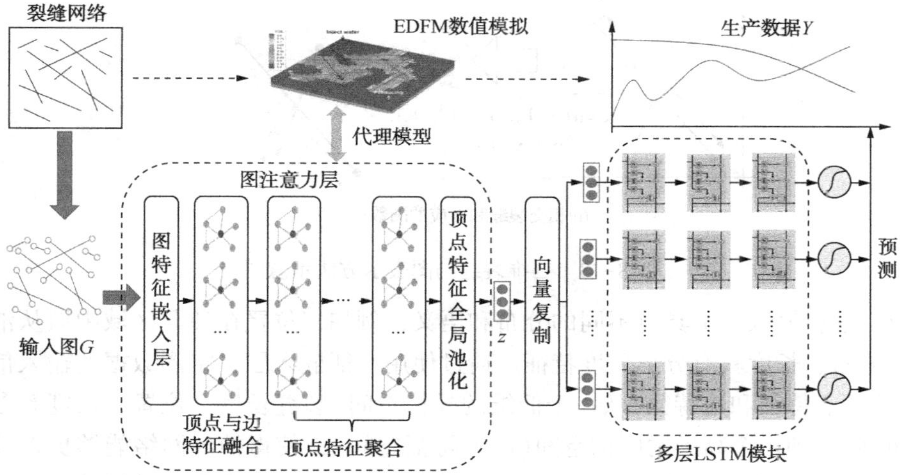

图 8-12 基于图学习与递归神经网络的油藏数值模拟代理模型结构示意图

1. 基于深度图注意力网络的裂缝网络特征学习方法

考虑二维裂缝性油藏数值模拟，在二维裂缝网络模型中，裂缝通常采用线段进行表示。如图 8-13 所示，对于单一的二维裂缝，几何参数主要包括裂缝的中心点位置坐标、裂缝长度、裂缝角度以及裂缝开度，属性参数主要考虑裂缝渗透率。对裂缝网络进行图学习首先需要将裂缝网络转换为图数据，结合离散裂缝模型，将二维裂缝的端点视为图的顶点，裂缝边即顶点的连接边，其中，端点坐标作为顶点属性，裂缝长度、角度、开度以及渗透率作为边属性参数。然后，如图 8-13(b)所示，考虑裂缝存在相交情况下的裂缝图数据表示，对于相交裂缝，以裂缝的交点作为裂缝端点，重新划分裂缝，以便图神经网络能够有效地学习到裂缝网络中的连通关系。

为了获得足够的表达能力将复杂多尺度裂缝网络 G 转化为高层级的抽象特征，GAT-LSTM 代理模型中，图特征学习模块由特征嵌入层、多层图注意力模型以及基于顶点的全局池化操作组成。图特征学习模块计算过程如下，首先，将裂缝网络转化为图数据，图的节点和边缘特征由裂缝的位置、长度、角度和渗透率

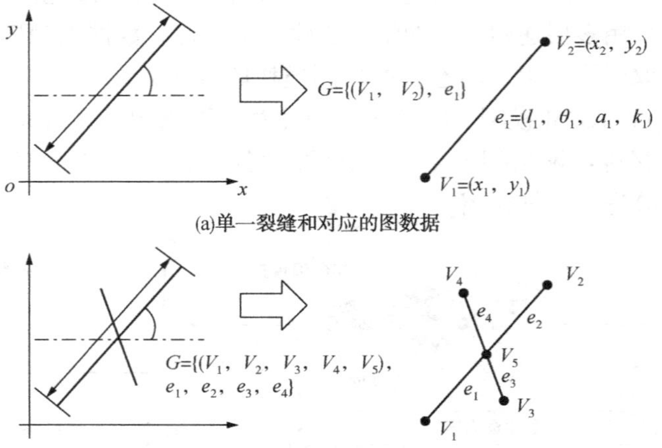

(a)单一裂缝和对应的图数据

(b)相交裂缝和对应的图数据

图 8-13　二维裂缝的图表示方法示意图

组成，这些输入特征具有不同的分布和语义，例如，位置在油藏区域中服从泊松过程分布、长度具有分形尺度特征。通过使用特征嵌入层，将图数据的输入信息(包括顶点特征和边特征)从一个低维的异构空间(裂缝长度、位置、角度等参数空间)映射到一个高维的同构空间(嵌入特征空间)，使得神经网络能够更多地了解输入特征之间的关系。GAT-LSTM 模型中嵌入层由一个简单的单层前馈神经网络构成，其权重矩阵参数可以进行学习，并应用于整流线性单元(ReLU)作为激活函数，如下所示：

$$h_i^v = \mathrm{ReLU}(W_{\mathrm{v}} \cdot v_i + b_{\mathrm{v}}) \tag{8-19}$$

$$h_k^e = \mathrm{ReLU}(W_{\mathrm{e}} \cdot e_k + b_{\mathrm{e}}) \tag{8-20}$$

式中，$h_i^v \in \mathbb{R}^d$ 是裂缝网络的第 i 个顶点的输入特征 v_i 对应的嵌入特征；$h_k^e \in \mathbb{R}^d$ 是裂缝网络的第 k 条边的输入特征 e_k 对应的嵌入特征；边和顶点的嵌入特征维数设置为相同的 d，便于后续学习；W_{v} 和 b_{v} 表示顶点特征对应的权重矩阵和偏置向量；W_{e} 和 b_{e} 表示边特征对应的权重矩阵和偏置向量。

然后，构建多层图注意力机制学习模型，从顶点和边的嵌入特征中学习裂缝网络的高层级图表示特征。如图 8-14 所示，单个图注意力层由一个具有权重矩阵参数化的可学习线性变换操作和顶点层级上的自注意力机制操作组成，能够计算顶点和其所有邻接顶点的加权特征，不同的权重意味着不同的邻接顶点具有不同程度的重要性参与顶点的特征更新。图注意力计算可以实现图结构数据的顶点信息的传播与聚合，是一种高效的局部特征学习方法。

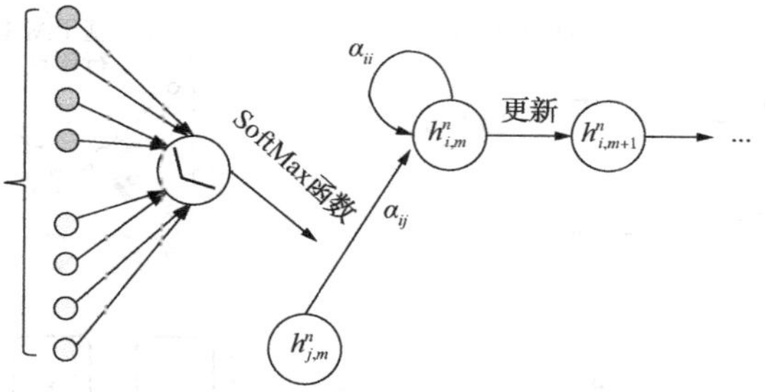

图 8-14　图注意力模型的结构示意图

在第 m 层的图注意力计算中，使用多层感知器模型计算节点 i 与其相邻节点之间的注意力得分 s，如下所示：

$$s(h^n_{i,m}, h^n_{j,m}) = c^T \text{LeakyReLU}(W_s \cdot [h^n_{i,m} \parallel h^n_{j,m}]) \tag{8-21}$$

式中，$\cdot^T$ 表示矩阵转置，$\parallel$ 表示矩阵拼接操作，$c \in \mathbb{R}^{2d'}$ 和 $W_s \in \mathbb{R}^{2d' \times 2d'}$ 表示可学习的权重参数，LeakyReLU 为激活函数[40]，d' 是注意力层的输出特征维数，$h^n_{i,m}$ 和 $h^n_{j,m}$ 分别表示第 m 层的第 i 个顶点和第 j 个顶点的特征。

对于第 i 个顶点的所有邻居顶点 $j \in N_i$ 计算得到的注意力分数使用 SoftMax 函数进行归一化计算对应的注意力系数：

$$\alpha_{ij} = \text{SoftMax}(s(h^n_{i,m}, h^n_{j,m})) = \frac{\exp(s(h^n_{i,m}, h^n_{j,m}))}{\sum_{j' \in \mathcal{N}_i} \exp(s(h^n_{i,m}, h^n_{j',m}))} \tag{8-22}$$

最后，图注意力层使用归一化的注意力系数 α_{ij} 计算邻接顶点变换后的特征的加权平均值，作为顶点 i 的更新后的表示特征：

$$h^n_{i,m+1} = \sigma\left(\sum_{j \in \mathcal{N}_i} \alpha_{ij} \cdot W_h h^n_{j,m}\right) \tag{8-23}$$

式中，W_h 为权重矩阵，σ 为激活函数。式(8-21)至式(8-23)为一次注意力计算，重复多次则称为多头注意力计算。图注意力层的超参数包括输出特征的维数、多头注意力计算次数以及激活函数的选取等。

如图 8-15 所示，多层图注意力模块包括图特征嵌入、边特征融合到顶点特征、顶点特征聚合和顶点特征全局池化四个部分。首先，图特征嵌入层将原始的顶点特征和边特征通过单层前馈神经网络映射到高维同构特征；然后，考虑图注意力层主要通过顶点之间的连接关系聚合和更新顶点特征，将边的特征融合到顶点中，把边的特征传播到边对应的顶点并进行图注意力计算实现边与顶点特征融合；其次，边与顶点特征融合之后，图注意力层只需要对顶点特征进行聚合与学习；最后，对所有变换后的节点特征进行全局池化，得到裂缝网络的对应高层级抽象特征 z，用于后续生产数据预测任务。

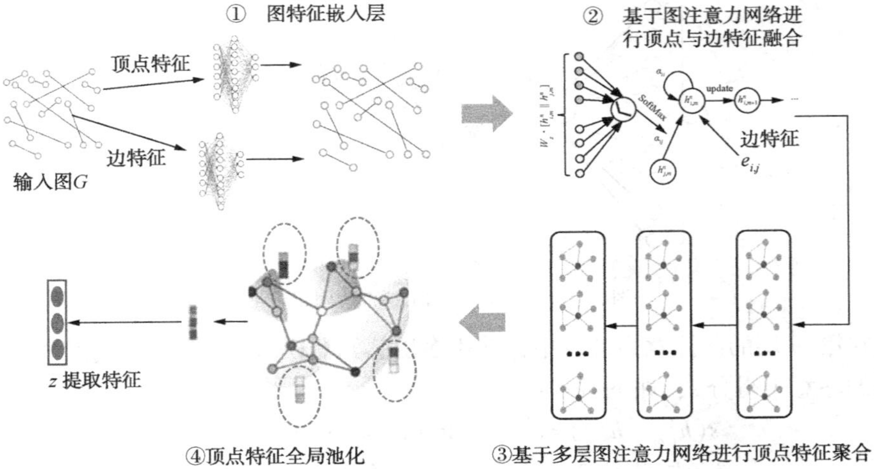

图 8-15 多层图注意力模块的结构示意图

2. 多层递归神经网络生产指标预测

经过深度图注意力模块提取裂缝网络对应的高层次特征向量 z 之后，需要进一步预测裂缝网络对应的生产模拟数据，包括注采井的产油量、产水量以及井底压力等数据，是一个典型的时间序列预测问题，长短期记忆递归神经网络模型(LSTM)可以有效地解决这一问题。LSTM 模型在本书第七章已有相关介绍，不再赘述。基于 LSTM 单元建立裂缝性油藏数值模拟代理模型的生产数据预测模块，以深度注意力模块提取的裂缝网络特征 z 作为输入，预测对应的生产数据时间序列 $y=\{y_1, y_2, \cdots, y_T\}$，其中 $y_t \in \mathbb{R}^{N_d}$ 表示 t 时刻所有注采井的生产数据包括产油量、产水量以及井底压力等。如图 8-16 所示，基于 LSTM 单元建立多层递归神经网络模块进行生产数据预测。考虑从裂缝网络特征预测生产数据是强非线性的复杂时间序列预测问题，使用多层递归神经网络可以增强模型的非线性学习能力。在多层递归神经网络模块中，首先，需要将多层图注意力模块提取的裂缝网络特征 z 复制到每个时间步作为 LSTM 模型的输入信号($z_1=z, z_2=z, \cdots, z_T=z$)；然后，通过多层 LSTM 单元，对输入信息进行时间序列学习，将输入的裂缝网络特征 z 经过多层 LSTM 单元变换映射为高层级抽象特征用于预测生产数据 y；其次，使用时间序列上分布的多个全连接层作为预测输出层，对 LSTM 学习到的隐藏特征进行变换，预测最终的生产数据 $y=\{y_1, y_2, \cdots, y_T\}$ 作为输出，通过反向传播算法监督反馈指导 LSTM 单元的权重更新，全连接层的激活函数使用双曲正切函数，神经元数与生产数据每个时间步的特征数 N_d 保持一致。对于多层递归神经网络模型，LSTM 单元的层数一般建议使用 2~4 层。

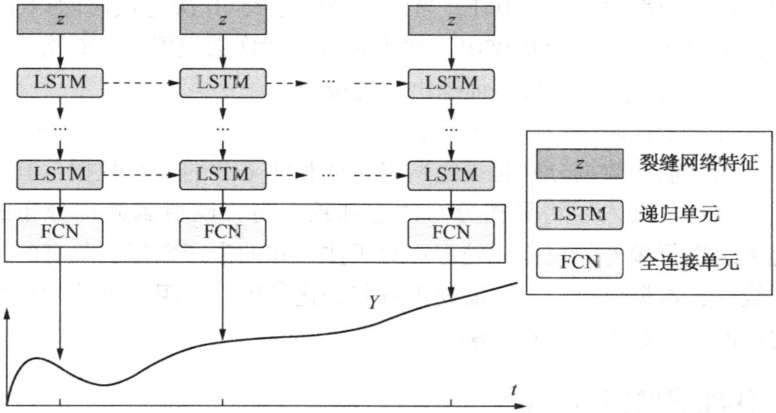

图 8-16　多层递归神经网络模块结构示意图

3. 代理模型的损失函数与训练方法

选取合适的损失函数对于深度学习模型的训练和学习至关重要。一般回归任务的损失函数有均方误差(MSE)和平均绝对误差(MAE)。考虑 MAE 损失函数能够细粒度地计算生产数据预测误差，GAT-LSTM 代理模型使用 MAE 损失函数，其定义如下所示：

$$J_\beta = \frac{1}{N}\sum_{i=1}^{N} \left| y_i^{\text{sim}} - y_i^{\text{pre}} \right| \tag{8-24}$$

式中，N 为评估样本的大小，y_i^{sim} 和 y_i^{pre} 分别为数值模拟结果和模型预测值。

MAE 损失函数被广泛应用于油藏数值模拟的深度学习代理模型中，对离群点不过分敏感，其梯度稳定不易受异常样本的干扰，使得训练过程稳健，拟合结果能够比较好地表征生产数据的分布情况。为了在训练过程监测、训练之后评价代理模型的回归效果，需要使用一些性能评估指标。回归任务常用的性能评估指标有决定系数、均方根误差、残差标准误差、平均绝对误差以及相对误差等，使用决定系数 R^2 作为代理模型性能评估指标，定义如下所示：

$$R^2 = 1 - \frac{\sum_{i=1}^{N} \left\| y_i^{\text{sim}} - y_i^{\text{pre}} \right\|_2^2}{\sum_{i=1}^{N} \left\| y_i^{\text{sim}} - y_{\text{m}} \right\|_2^2} \tag{8-25}$$

决定系数用于度量预测结果接近真实数据的程度或者两者之间的相关性，当 R^2 越接近 1 时，说明预测结果越接近真实数据，预测结果越好。

GAT-LSTM 代理模型的训练采用 Adam 随机梯度优化算法，根据反向传播方法对模型参数进行调整和更新。学习率对 Adam 算法的性能非常重要，在本章数值实验中初始学习率设置为 0.001，当误差停滞达到 10 次迭代时除以 10 从而减小学习率，学习率最小值为 0.0001。模型训练迭代次数设置为 200 次，并使用早停策略(Early stopping)防止模型训练出现过拟合。

数据处理对于使用机器学习方法解决实际工程问题十分重要。GAT-LSTM 代理模型的输入与输出数据分别是裂缝网络特征和注采井的生产数据。其中，裂缝网络特征通过特征嵌入层将异构分布的边和顶点特征映射到同构分布的嵌入特征，因此无须进行额外的规范化处理；对于注采井的生产数据，具有时间依赖性以及强非线性，数据波动较大，需要进行归一化处理，采用本书第六章所介绍的基于时间窗的生产数据归一化方法。

三、代理建模实例分析

1. 二维裂缝性油藏模型基本情况

为验证 GAT-LSTM 代理模型的可靠性，在二维油水两相裂缝性油藏模型上开展数值实验研究。如图 8-17 所示，在 200m×200m 的区域上定义具有天然裂缝分布的二维裂缝性油藏模型，并将油藏区域划分为 100×100 网格。采用主要裂缝与次要裂缝分层参数化方法生成的裂缝网络包含 5 条主要裂缝(黑色线段)和 2 组次要裂缝(灰色线段)。

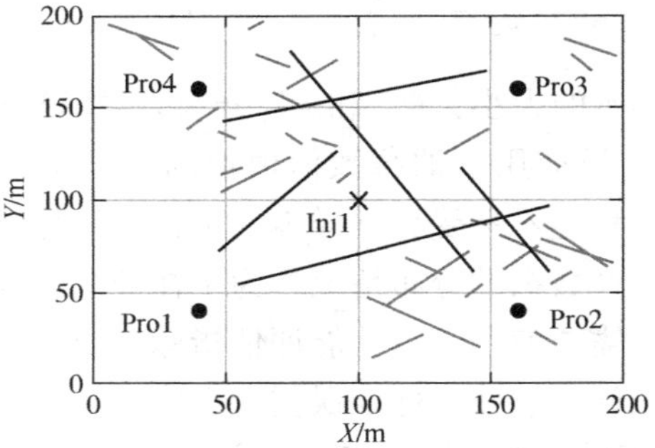

图 8-17　二维裂缝性油藏模型缝网及井位分布

表 8-1 和表 8-2 分别给出了用于模拟生成主要裂缝和次要裂缝的参考值和先验范围。该油藏模型的基质渗透率和基质孔隙度分别设为 3mD 和 0.25。将裂缝孔隙度设为 0.2，裂缝渗透率采用立方定律结合裂缝长度进行计算。该油藏模型布置有 1 口注水井和 4 口生产井，注水井的注水量设定为 $30m^3/d$，生产井的井底压力设定为 100bar。该油藏模型模拟生产 900 天，时间步设定为 30 天，共计模拟 30 个时间步。本节实验基于 GAT-LSTM 代理模型性能进行数值实验验证与分析。

表 8-1 二维油藏模型主要裂缝参数的参考值和先验范围

主要裂缝	中心点横坐标/m		中心点纵坐标/m		裂缝长度/m		裂缝走向/(°)	
	参考值	先验范围	参考值	先验范围	参考值	先验范围	参考值	先验范围
1	109	90~130	121	100~140	140	130~150	120	80~130
2	113	90~130	76	70~100	125	100~130	20	10~40
3	99	80~120	156	120~160	103	90~120	15	10~50
4	70	60~100	100	80~130	70	60~80	50	30~80
5	155	130~160	90	70~120	65	50~70	120	100~150

表 8-2 二维油藏模型次要裂缝参数的参考值和先验范围

参数	参考值	先验范围
裂缝长度分形维数 D_l	1.6	1.4~1.7
裂缝组 1 的发育强度 D_1	0.45	0.3~0.6
裂缝组 2 的发育强度 D_2	$1-D_1$	—
裂缝组 1 走向的平均值	35	45~75
裂缝组 1 走向的标准差	10	8~15
裂缝组 2 走向的平均值	150	138~178
裂缝组 2 走向的标准差	10	8~15
子区域 1 的裂缝发育密度比值	0.1	0.1~1
子区域 2 的裂缝发育密度比值	0.3	0.1~1
子区域 3 的裂缝发育密度比值	0.1	0.1~1
子区域 4 的裂缝发育密度比值	0.3	0.1~1

2. 油藏数值模拟样本集构建

为了训练油藏数值模拟的代理模型，需要建立油藏数值模拟样本集。根据表 8-1 和表 8-2 的先验范围，结合主要裂缝与次要裂缝分层参数化方法随机生成 2000 组不同的裂缝网络实现并进行 EDFM 油藏数值模拟，得到裂缝网络对应的生产数据。

将 2000 组裂缝网络与对应的生产数据结合构建数据集用于数值模拟代理模型研究。将数据集按照 0.8：0.1：0.1(1600：200：200)的比例划分为训练集、验证集和测试集。图 8-18 展示了数据集中裂缝网络的三种随机实现及其对应的生产数据。从图中可以看出，随着裂缝分布的变化，生产动态数值模拟数据也具有显著差异，这与裂缝分布是影响裂缝性储层流体流动的主要因素的认识是一致的。下面在该数据集的基础上研究代理模型的预测性能。

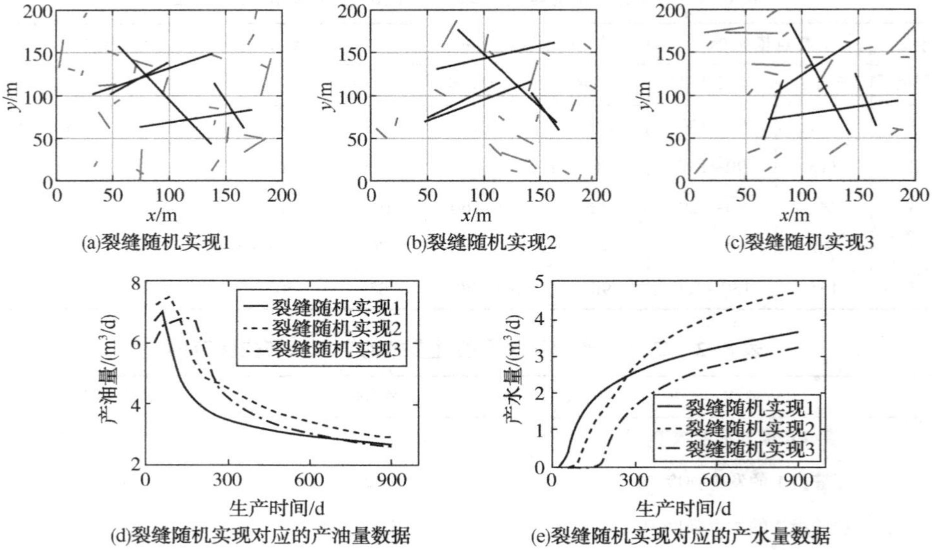

图 8-18　数据集中裂缝网络的三种随机实现及其对应的生产数据

3. 代理模型结构设置

GAT-LSTM 代理模型主要由图注意力模块和递归神经网络模块两部分组成。为验证图学习方法对裂缝网络的特征学习能力，采用了人工神经网络模型(ANN)作为对比，使用 ANN 模型学习与提取裂缝网络特征并构建代理模型即 ANN-LSTM 模型。ANN 模型作为一种基本的机器学习方法，在石油工程领域的数据分析和数值模拟代理建模任务中得到了广泛的应用。在 GAT-LSTM 与 ANN-LSTM 的对比中，ANN 模型和 GAT 模型都使用相同的裂缝网络参数进行学习与提取特征，不同之处在于 GAT 模型可以考虑裂缝网络的结构信息和离散特征，而 ANN 模型将裂缝参数处理为连续参数进行学习。具体而言，对于 ANN 模型，将裂缝网络中所有离散裂缝的位置和长度等参数拉平作为模型的输入向量，并采用零填充策略解决不同裂缝网络中裂缝数量不同引起的输入向量大小变化。对于 ANN-LSTM 模型，输入参数采用最大最小归一化方法进行归一化处理，对于 GAT-LSTM 模型，输入参数通过图嵌入层进行转换，因此不需要进行归一化处理。

实验中采用的 GAT-LSTM 模型和 ANN-LSTM 模型的结构超参数如表 8-3 所示，两个模型的生产数据预测部分使用相同的多层递归神经网络，裂缝特征提取部分，多层图注意力模型使用 4 层图注意力层进行特征变换与学习，多层人工神经网络模型采用 3 层全连接层进行特征变换与学习，超参数的设定是结合经验以及在验证集上进行多次模型验证分析得到的。基于 TensorFlow 平台进行神经网络模型的编程实现和训练以及测试，深度图学习使用 TensorFlow 的图神经网络库进行实现，并在一个具有 24GB 内存的 Nvidia GeForce RTX 3090 GPU 上进行模型的训练。

表 8-3　代理模型实验采用的模型结构超参数

代理模型组成部分	神经网络层名称	神经网络层超参数
多层图注意力模块	图嵌入层	$d=128$，$\sigma=\text{ReLU}$
	图注意力层 1/2/3/4	$d=128$，$w=3$，$\sigma=\text{ReLU}$
	顶点全局池化层	Max pool
多层人工神经网络模块	全连接层 1	$d=256$，$\sigma=\text{ReLU}$
	全连接层 2	$d=128$，$\sigma=\text{ReLU}$
	全连接层 3	$d=100$，$\sigma=\text{ReLU}$
多层递归神经网络模块	向量复制层	$t=30$
	LSTM 层 1	$d=100$
	LSTM 层 2	$d=100$
	全连接层 4	$d=8$，$\sigma=\tanh$

4. 代理模型的性能测试与分析

首先，测试代理模型性能与训练样本数量的关系。对于油藏工程问题，构建代理模型的样本源于油藏数值模拟，而油藏数值模拟计算效率低耗时长，期望用尽可能少的数值模拟样本构建足够准确的代理模型。因此，需要研究代理模型性能与训练样本数量的关系，从而确定构建可接受的较为准确的代理模型所需要的油藏数值模拟样本数量的最小值。

为验证代理模型性能与训练样本数量之间的关系，使用 5 组包含不同数量训练样本(200、600、1000、1400 以及 1600)的训练集，并在每组训练样本上重复训练 3 次代理模型，计算代理模型在测试集上的平均 R^2 得分，如图 8-19 所示。可以看出，ANN-LSTM 模型在训练集和测试集上的 R^2 差异很大，并且随着训练样本的增加，测试集上的 R^2 并没有显著提高。这表明人工神经网络不能有效地提取裂缝网络的特征。相比之下，GAT-LSTM 模型在测试集上的 R^2 随着训练样本数量的增加而显著提高，使用 200 个和 1000 个训练样本训练得到模型在测试集上的平均 R^2 分别为 0.8380 和 0.9225。此外，可以看到当训练样本数量达到 1000 之后，GAT-LSTM 模型在测试集上的 R^2 变化平稳，说明 GAT-LSTM 模型至少需要 1000 个油藏数值模拟样本即可达到稳定的预测效果。以上研究结果表明，使用图注意力模型可以有效地提取裂缝网络特征，并且 GAT-LSTM 模型具有良好的泛化性能。在实验中，ANN 和 GAT 都从相同的裂缝网络参数中学习，而在人工神经网络模型中，裂缝网络的所有裂缝作为连续性参数进行了处理，而在图注意力模型中，每个裂缝特征保持独立，并结合了裂缝网络的结构信息，与裂缝网络固有的离散特征保持一致。因此，人工神经网络和图注意力模型的预测结果比较表明，保留裂缝网络的结构信息和离散特征可以提高裂缝网络中特征学习的有效性。

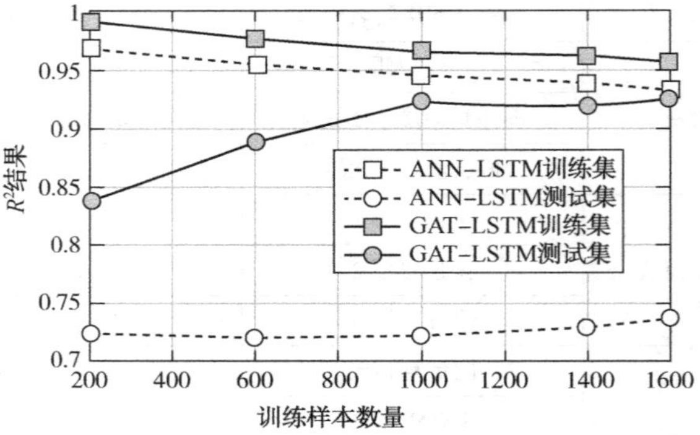

图 8-19　不同训练样本数量与对应的代理模型性能之间变化关系

此外，为了更详细和充分地比较代理模型的性能，在接下来的实验中，使用 1600 个样本训练 ANN-LSTM 和 GAT-LSTM 模型。图 8-20 给出了 GAT-LSTM 模型和 ANN-LSTM 模型在训练过程中损失函数 MAE 的变化，可以看出 ANN-LSTM 模型出现了过拟合现象，经过 20 次迭代训练后，在测试集上损失函数上升并与训练样本上损失函数出现了较大差距。出现过拟合现象是由于 ANN-LSTM 模型无法有效学习到裂缝网络的特征，对特征的学习能力不足。相比较而言，GAT-LSTM 模型的损失函数在 80 次迭代之后平稳收敛，并且在测试集和训练集上的损失函数保持较为接近，这说明模型具有较好的泛化性能，这是由于使用图注意力模型能够有效学习裂缝网络的特征。

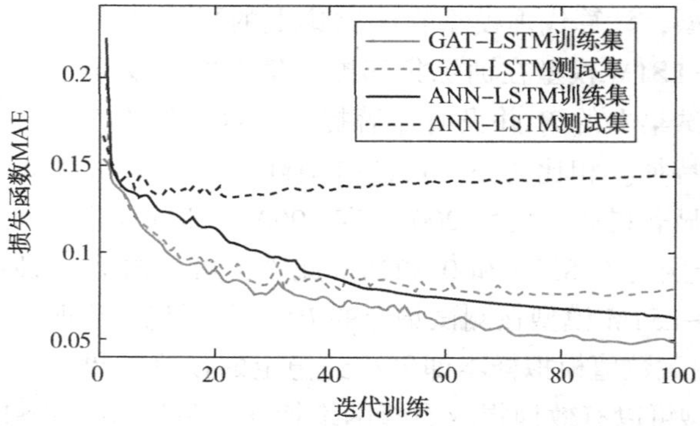

图 8-20　代理模型损失函数在训练过程中的变化

然后，分析 ANN-LSTM 模型和 GAT-LSTM 模型在测试集上的生产数据预测性能。图 8-21 展示了 ANN-LSTM 代理模型和 GAT-LSTM 代理模型在 200 个测试样本上生产数据预测结果的 R^2 分布直方图。可以看出，ANN-LSTM 模型预测结果的 R^2 值对于某些样本出现了负值，并且许多测试样本的 R^2 值在 0.8 以下。相比之下，GAT-LSTM 代理模型在测试样本上预测结果的 R^2 值处于 0.8 到 1 之间。

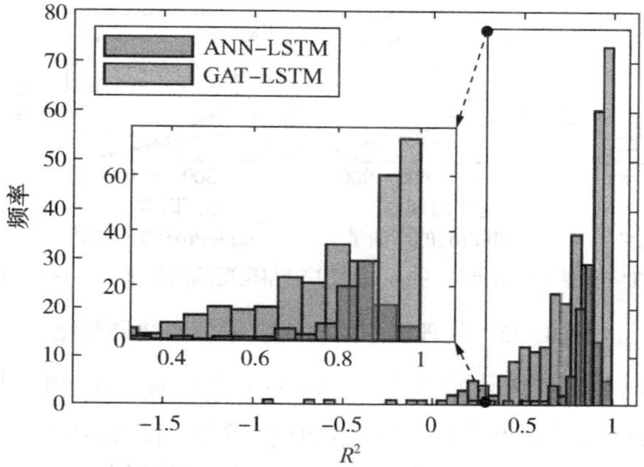

图 8-21 代理模型生产数据预测结果的 R^2 分布直方图

表 8-4 总结了 ANN-LSTM 代理模型和 GAT-LSTM 代理模型预测结果的 R^2 值分别超过 0.8、0.85、0.9 的测试样本在全部测试样本中的所占比例。可以看出，GAT-LSTM 模型的预测性能明显优于 ANN-LSTM 模型。

表 8-4 代理模型生产数据预测结果的 R^2 分布情况

代理模型	$R^2>0.8$	$R^2>0.85$	$R^2>0.9$
ANN-LSTM	33%	15.5%	6%
GAT-LSTM	91%	81%	66.5%

图 8-22 展示了代理模型在测试样本上的生产数据预测结果，ANN-LSTM 模型预测的 R^2 为-0.5557，而 GAT-LSTM 模型预测结果的 R^2 为 0.7977。从图中可以看出，ANN-LSTM 预测结果的 R^2 出现了负值，是由于其对生产井 Pro2 的日产油预测偏离了数值模拟结果的趋势。在前 300 天，数值模拟的 WOPR 呈先上升后下降的趋势，而 ANN-LSTM 代理模型预测的 WOPR 呈持续下降趋势，因此导致 R^2 为负值，这表明 ANN-LSTM 模型未能准确预测。与之对比，GAT-LSTM 代理模型能够更准确地预测生产动态，特别是对于生产井 Pro2 和生产井 Pro3，可以准确预测 WOPR 的变化趋势，但是也可以看出在 Pro4 的产量预测误差较大，代理模型具有进一步研究可提升的空间。

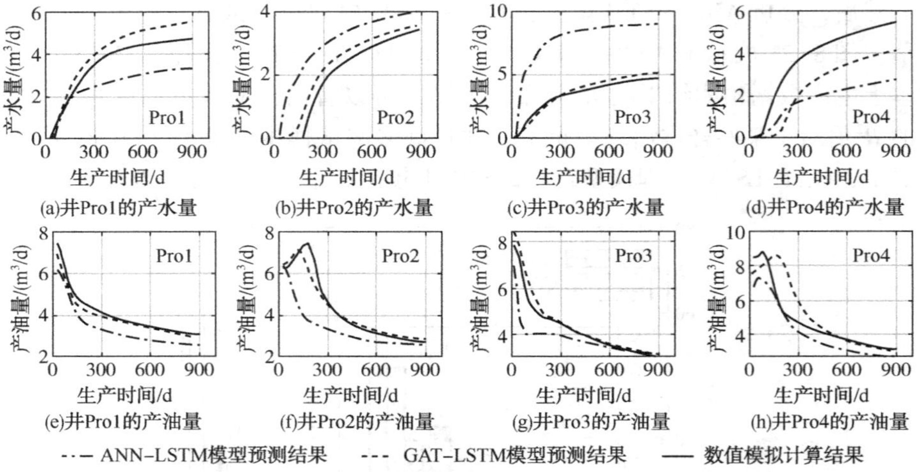

图 8-22　代理模型的生产数据预测结果对比

其次，对比 GAT-LSTM 代理模型和 ANN-LSTM 模型在测试样本上的生产预测结果，选取生产数据预测结果的 R^2 处于 P50 位置的训练样本进行对比，P50 样本是统计上处于中等位置的结果，P50 样本具有在所有测试样本上代理模型预测效果的统计代表性，因此通常被用于说明代理模型的预测效果。对于该测试样本，ANN-LSTM 模型预测结果的 R^2 是 0.8347，而 GAT-LSTM 模型预测结果的 R^2 是 0.9343。如图 8-23 所示，可以看到 ANN-LSTM 模型的预测结果具有较大偏差，例如生产井 Pro1 的产水量以及生产井 Pro2 的产油量预测均出现明显偏差。从数值模拟数据看，生产井 Pro2 的产油量在第 150 天出现了转折点，ANN-LSTM 模型未能够预测到该现象，而 GAT-LSTM 的预测结果与 EDFM 数值模拟计算结果一致。从总体上看，GAT-LSTM 代理模型能够准确预测生产动态数据，与油藏数值模拟的计算结果吻合较好，特别是对于日产油量的预测精度较高。但是也可以看出日产水量预测效果相对较差，这是由于水驱过程中存在裂缝带来的复杂性，使得产水量预测较为困难。在后续研究工作中应考虑如何提高产水量预测的准确性，包括考虑结合水驱前缘移动规律等物理知识提升代理模型的预测准确性。

评估 GAT-LSTM 代理模型性能对裂缝网络特征参数的敏感性。研究对比 6 种参数组合：使用所有参数（All）、仅使用边参数（Edge）、仅使用顶点参数（Node）、使用顶点参数和边参数中的裂缝长度（Node+Length）、使用顶点参数和边参数中的裂缝走向（Node+Angle）以及使用顶点参数和边参数中的裂缝长度和裂缝走向（Node+Length+Angle）。由于使用的参数组合不同，输入模型的参数数量发生变化，为了保持模型结构不变，将不输入模型的参数进行掩码处理即使用数值 0 替代。在这个对比实验比中，使用了 1000 个训练样本训练 GAT-LSTM 模型。

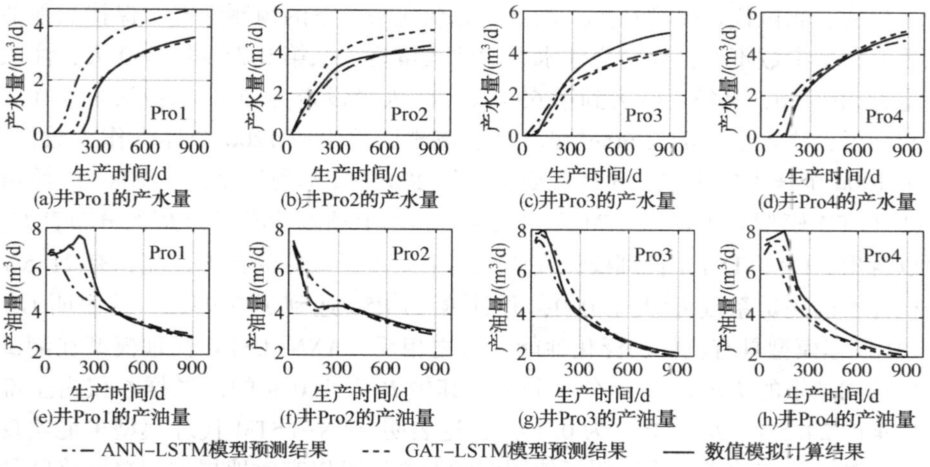

图 8-23　代理模型在 P50 测试样本上的生产数据预测结果对比

如图 8-24 所示，测试了使用不同的裂缝参数组合得到的代理模型在测试样本集上的性能。从图 8-24 中可以看到，以使用所有裂缝参数(All)得到的模型性能作为参考(点划线)，仅使用裂缝的边特征(Edge)而忽略顶点位置特征训练得到的代理模型无法进行有效的预测，R^2集中在 0.8 以下，与之相反，仅使用裂缝的顶点特征即裂缝的端点位置作为代理模型的输入，可以获得更好的模型测试性能。这表明在代理模型中，裂缝的端点位置是裂缝网络的关键特征，这是由于裂缝的端点位置决定了裂缝在空间中的几何分布模式。从该实验也可以看出 GAT-LSTM 模型能够从顶点特征中学习到裂缝的几何信息。此外，可以看出，在顶点特征中加入裂缝长度或角度特征可以增强代理模型的预测性能，说明代理模型也能够有效地从裂缝长度和裂缝走向等参数中学习到裂缝分布的信息。该实验的对比结果表明，综合所有裂缝网络特征的代理模型预测效果最好。

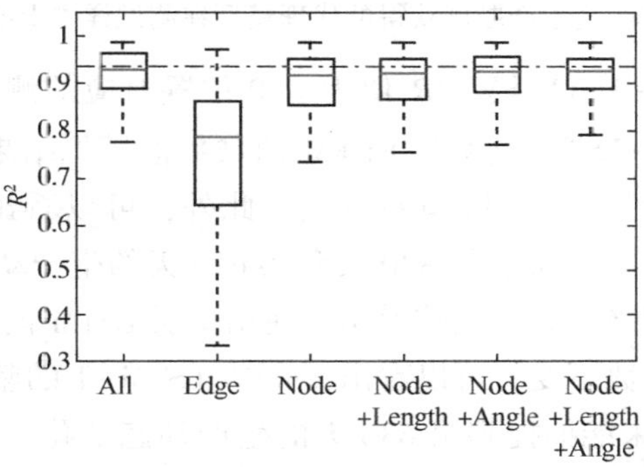

图 8-24　使用不同裂缝参数组合对 GAT-LSTM 模型性能的影响测试结果

最后，测试代理模型在生产制度动态变化条件下的预测性能。保持其他的油藏数值模型参数不变，仅改变注水井的注入策略：从第 0 天到第 330 天，注入量设定为 30m³/d；从第 330 天到第 630 天，注入量设定为 40m³/d；从第 630 天到第 900 天，注入量设定为 60m³/d。对于该测试共生成 1200 个样本作为数据集，其中 1000 个样本用于训练代理模型，其他 200 个样本用于测试。图 8-25 给出了 GAT-LSTM 模型和 ANN-LSTM 模型在测试样本上预测性能指标 R^2 的分布直方图。可以看出，GAT-LSTM 代理模型在测试集上获得了较好的预测性能，有 71.5% 的测试样本的决定系数 R^2 大于 0.9，并且 R^2 的 P50 达到了 0.9422，这表明 GAT-LSTM 代理模型具有良好的泛化性能。与之相反，ANN-LSTM 代理模型在测试样本中预测结果的决定系数 R^2 分布分散，其中 R^2 大于 0.9 的测试样本仅占全部测试样本的 24.5%，R^2 的 P50 为 0.7959，这表明 ANN-LSTM 代理模型未能实现有效的预测。该实验进一步证明了使用图学习方法可以有效地提取裂缝网络特征进行代理建模。

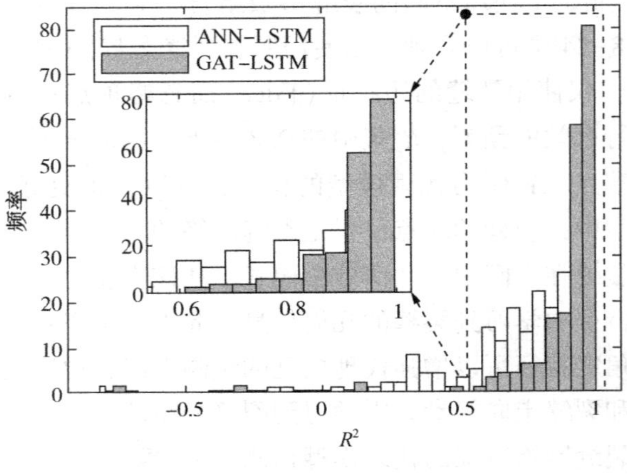

图 8-25　改变生产制度获得的代理模型在测试样本上的预测性能

图 8-26 为 GAT-LSTM 模型 R^2 值为 P50 位置对应的测试样本的生产预测结果。可以看出，GAT-LSTM 模型与 EDFM 油藏数值模拟结果具有较好的一致性，而 ANN-LSTM 模型的预测结果偏差较大。此外，可以看出 GAT-LSTM 模型和 ANN-LSTM 模型都可以捕捉到第 330 天和第 630 天的生产动态变化，这是由于使用了多层递归神经网络。为了比较说明，使用单层 LSTM 模型获得 GAT-LSTM-1 模型，保持其他超参数不变。可以看出，GAT-LSTM-1 的整体预测效果与 GAT-LSTM 模型接近，但未能捕捉到第 630 天的生产动态变化，这表明使用多层递归神经网络模型有利于生产数据的预测。

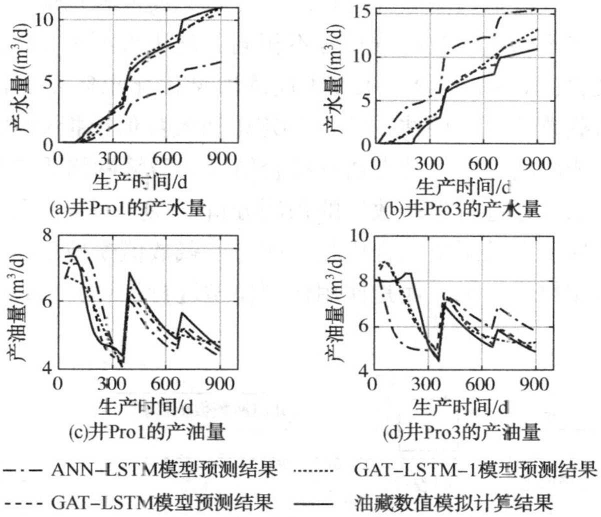

图 8-26　变化生产制度测试代理模型的预测性能

第六节　基于代理模型的裂缝分布反演方法

一、基于代理模型的裂缝性油藏自动历史拟合求解方法

基于深度图学习与递归神经网络混合代理模型 GAT-LSTM 建立裂缝性油藏裂缝分布的自动历史拟合反演预测方法。具体地，将 GAT-LSTM 代理模型与差分进化(DE)算法相结合，进行生产数据自动历史拟合求解，反演预测裂缝网络参数。自动历史拟合优化求解时需要根据更新后的裂缝分布进行油藏生产数据计算，使用 GAT-LSTM 代理模型替代油藏数值模拟，能够根据更新调整后的裂缝网络分布快速预测相对应的流动生产数据，完全释放差分进化算法的搜索能力。DE 算法作为一种全局搜索性能的随机优化方法具有分布式的收敛能力，能够在单次运行中同时搜索获取多个全局最优解或接近的次优解。

图 8-27 给出了基于 GAT-LSTM 代理模型方法的裂缝性油藏裂缝分布反演预测工作流程，包括三个阶段。首先，利用先验地质信息以及分层参数化方法生成初始的裂缝网络实现，并结合嵌入式离散裂缝(EDFM)数值模拟方法构建数据集，数据集包括裂缝网络和其对应的生产数据，用于 GAT-LSTM 代理模型的训练；其次，将训练好的 GAT-LSTM 代理模型与差分进化(DE)算法相结合估计裂缝分布的不确定性参数，该过程无须 EDFM 油藏数值模拟计算，本节所考虑的裂

缝分布的不确定参数包括主要裂缝的长度、方向、位置等几何参数以及次要裂缝的统计参数，这些不确定参数的分布各不相同，基于种群的 DE 算法非常适合处理这类问题；最后，对基于 GAT-LSTM 代理模型优化求解得到的最终更新裂缝网络模型进行油藏数值模拟评估，结合 EDFM 油藏数值模拟对 DE 优化的求解结果进行评估，筛选出满足生产动态数据拟合精度的裂缝网络更新模型作为最终的裂缝网络预测结果，并进行生产数据的预测分析，在这一步需要少量的油藏数值模拟。该流程实现了自动历史拟合优化求解与油藏数值模拟的解耦合，即优化求解中没有涉及油藏数值模拟，而是使用代理模型进行计算，可以充分释放优化算法的搜索性能。

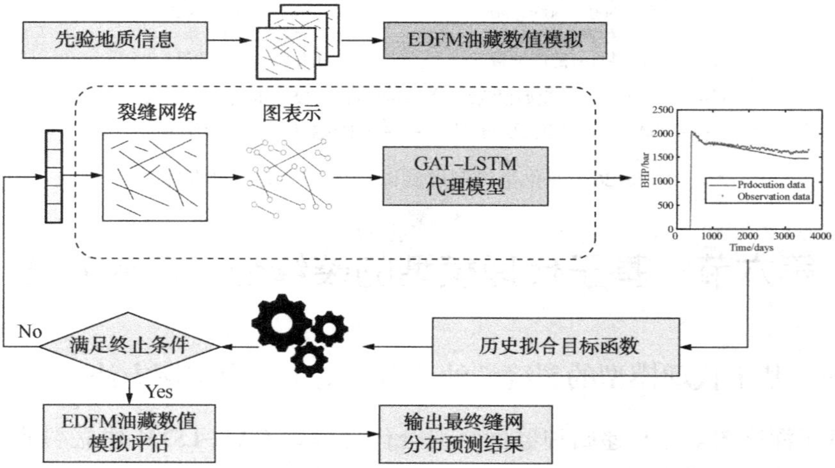

图 8-27　基于代理模型的裂缝网络反演建模流程

二、自动历史拟合数值实例分析

对基于 GAT-LSTM 代理模型的裂缝网络分布自动历史拟合反演预测方法进行数值实例分析。基于本章第五节裂缝性油藏数值实例进行裂缝网络分布反演研究，该实验中代理模型的结构与第五节设置相同，即表 8-3 中所示。

1. 二维裂缝性油藏模型生产历史

该二维油藏模型的具体参数设置与本章第五节数值实例中所述相同，为进行裂缝分布的反演求解，需要设置相应的生产历史数据。在该油藏数值模型中布置有 1 口注水井和 4 口采油井，其中，生产井采用定压力生产，井底压力设定为 100bar，注水井的注水量设定为 $30m^3/d$。为获得生产历史数据，对该油藏数值模型进行一次正向的油藏数值模拟计算，并对获得的生产模拟数据加入高斯噪声，最终将得到的生产井 900 天产油量(WOPR)和产水量(WWPR)数据作为生产观测历史数据用于裂缝分布反演。在本实验中，WOPR 和 WWPR 数据观测噪声的均值设置为 0，噪声的标准差设置为模拟数据的 5%。在油藏数值模拟过程中，每个时间步的间隔设置为 30 天。图 8-28 展示了生产井 Pro1 获得的生产观测数据，可以看到产水量在第 90 天水突破之后持续上升，产油量先增后降。

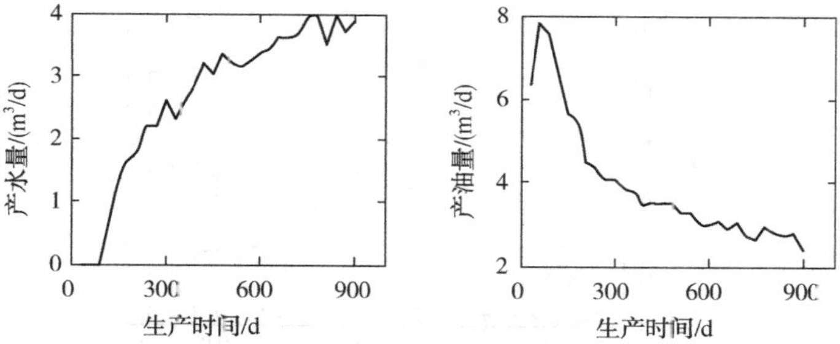

(a)井Pro1的产水量 (b)井Pro1的产油量

图 8-28 生产井 Pro1 的生产观测数据

2. 代理模型的训练与测试

进行自动历史拟合求解之前需要训练代理模型。结合本章第五节数值实例分析结果，GAT-LSTM 代理模型需要 1000 个训练样本即可达到可接受的预测精度。因此，从本章第五节数值实验中构建的油藏数值模拟数据集中选取 1200 组不同的裂缝网络先验实现以及相应的油藏数值模拟生产数据构建数据集，并将数据集中 1000 个样本作为模型的训练集，另外 200 个样本作为代理模型的测试集。图 8-29 展示了代理模型训练过程中损失函数和性能指标的变化，可以看到损失函数和性能指标随着迭代持续优化最终达到了收敛，在测试集上平均 R^2 经过训练达到了 0.9 以上。

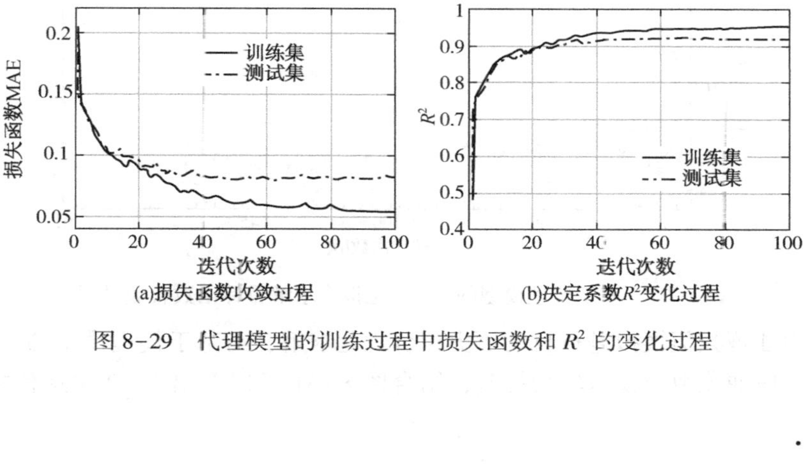

(a)损失函数收敛过程 (b)决定系数R^2变化过程

图 8-29 代理模型的训练过程中损失函数和 R^2 的变化过程

图 8-30 展示了 GAT-LSTM 模型在测试集上性能指标 R^2 的分布直方图，可以看到大部分样本的 R^2 集中在 0.8 以上，其中，72.5%的测试样本的 R^2 大于 0.85，62%的样本的 R^2 大于 0.9。测试结果表明代理模型在大部分裂缝分布情形下都能提供有效的预测，但是对于一些裂缝分布也存在一定的预测误差。

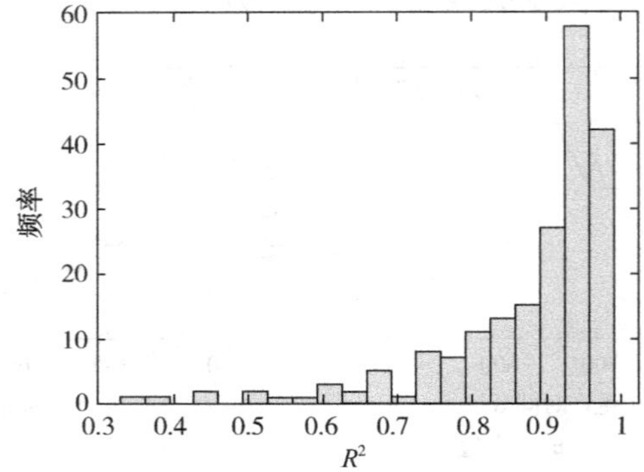

图 8-30　代理模型在测试集上的性能指标分布直方图

3. 生产数据拟合与裂缝分布预测结果分析

首先，基于 GAT-LSTM 代理模型结合 DE 算法进行自动历史拟合求解预测裂缝网络分布，在该实验中 DE 算法的种群大小和迭代次数分别设置为 100 和 200，该设置共需要 20000 次目标函数评估，如果直接使用油藏数值模拟进行求解即需要 20000 次油藏数值模拟计算。图 8-31 展示了基于 GAT-LSTM 代理模型进行自动历史拟合求解过程中目标函数的收敛过程。从图中可以看出，历史拟合目标函数值随着基于代理模型的优化过程不断下降，在经过 145 次迭代后逐渐收敛。

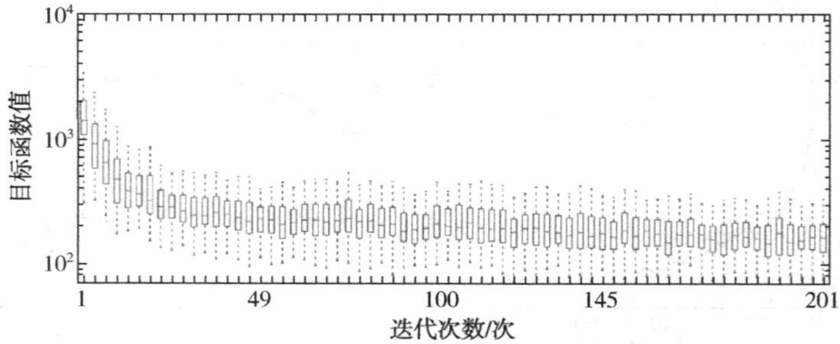

图 8-31　基于代理模型的 DE 优化拟合求解目标函数收敛过程

使用油藏数值模拟进行自动历史拟合优化求解，与基于代理模型的求解结果对比。考虑油藏数值模拟较为耗时，结合图 8-31 可以看出在 50 次迭代之后 DE

算法接近收敛，因此在基于数值模拟的 DE 求解中，DE 算法的种群数依旧设置为 100，迭代次数设置为 50，共需要 5000 次油藏数值模拟。图 8-32 展示了基于数值模拟的 DE 算法拟合求解的目标函数收敛过程，可以看到与基于代理模型的 DE 收敛过程基本一致。这也进一步证明了本研究所提出代理模型的可靠性，能够有效替代油藏数值模拟进行 DE 拟合求解。

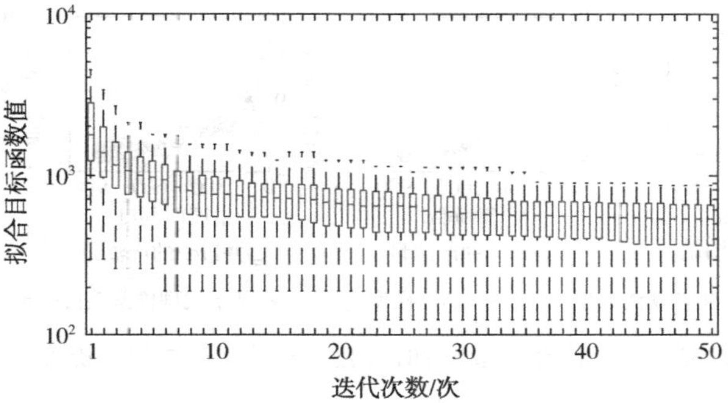

图 8-32　基于数值模拟的 DE 优化拟合求解目标函数收敛过程

在进行 DE 优化求解之后对获得的拟合模型进行生产数据拟合结果分析。考虑 GAT-LSTM 代理模型具有一定的预测误差，需要基于油藏数值模拟对获得的拟合解进行验证和筛选。对生产数据拟合结果进行分析，选取合适的生产数据预测误差对获得的解进行筛选。基于 GAT-LSTM 代理模型的 DE 拟合求解最终获得了 100 组更新后的裂缝网络预测模型，使用 EDFM 油藏数值模拟对这 100 组具有不同裂缝分布的更新模型进行数值模拟计算，最终筛选出 31 组生产动态数据拟合结果较好的裂缝网络预测模型作为基于代理模型拟合求解方法的最终预测结果。

对生产数据拟合结果进行分析，如图 8-33 所示，灰色曲线为 100 组初始的随机先验裂缝网络实现对应的油藏数值模拟生产数据，黑色曲线为筛选出的 31 组最终裂缝网络预测模型对应的油藏数值模拟生产数据，点为生产观测数据。从图中可以看到，与初始随机先验裂缝网络模型相比，裂缝网络最终预测模型的生产数据与观测数据之间的差异显著减小。这表明基于代理模型的历史拟合求解能够有效地实现生产数据的拟合。为了进行对比，图 8-34展示了基于油藏数值模拟进行 DE 拟合求解获得的生产数据拟合结果。可以看到，使用了 5000 次数值模拟时 DE 迭代了 50 次尚未达到收敛，因此生产数据拟合结果较差，这表明使用 DE 算法进行裂缝分布预测需要大量的迭代才能达到收敛，对于该实验的二维裂缝性油藏模型至少需要 5000 次以上的油藏数值模拟计算。

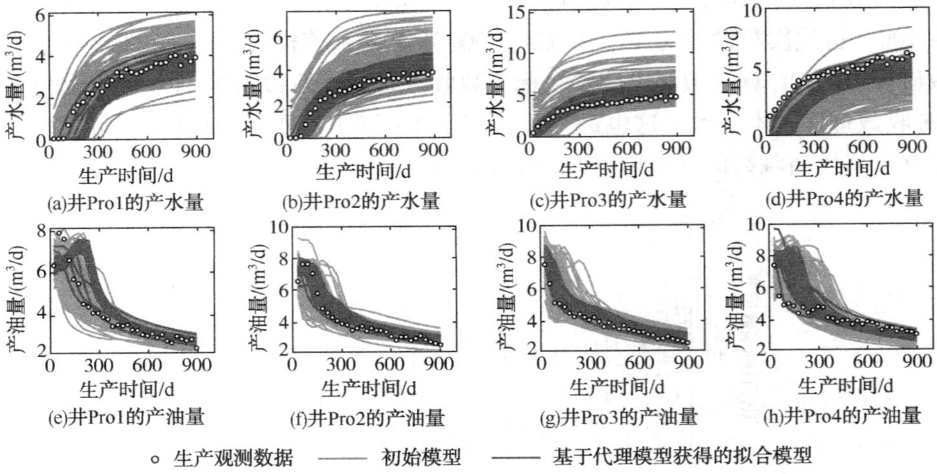

图 8-33　基于代理模型与 DE 优化获得的生产数据历史拟合结果

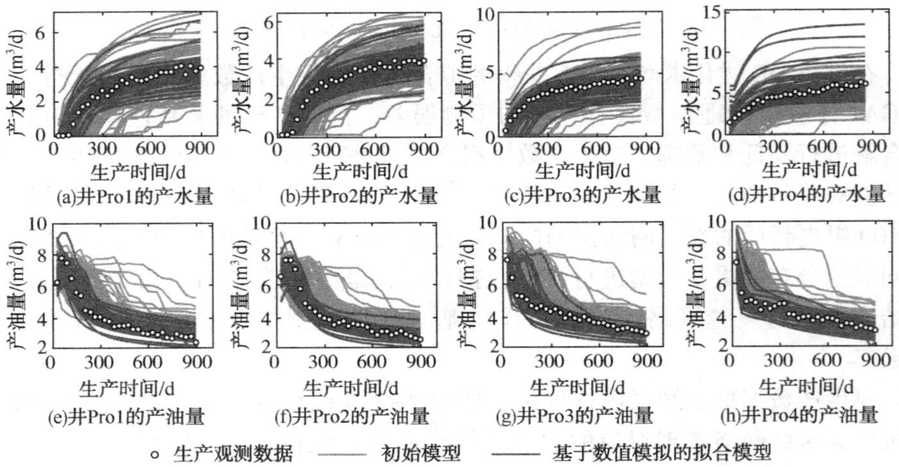

图 8-34　基于油藏数值模拟的 DE 优化获得的生产数据历史拟合结果

然后，对裂缝分布预测结果进行分析。图 8-35 对比了初始随机裂缝分布模型、基于油藏数值模拟的 DE 拟合结果以及基于 GAT-LSTM 代理模型的拟合结果。考虑裂缝分布具有多解性，使用裂缝堆叠的方法展示裂缝分布，将所有可能的裂缝分布在油藏进行堆叠，可以展示出裂缝分布在油藏区域的不确定性范围。从图中可以看到，随机初始模型具有很强的不确定性，即裂缝分布覆盖了油藏大部分区域；经过基于油藏数值模拟的 DE 拟合求解之后，裂缝分布得到了修正，图中黑线条为真实模型的主要裂缝在油藏中的分布，可以看到拟合后裂缝分布基本上与主要裂缝一致，但是由于迭代次数较少，裂缝分布仍然存在较大的不确定性；经过基于代理模型的 DE 拟合求解之后，裂缝分布的不确定性显著降低，可以看到五条主要裂缝中有三条裂缝分布基本得到了准确预测，而另外两条预测结果与真实裂缝分布存在一定差距，这是受反演的多解性以及代理模型预测误差的影响。从多解性角度，即生产数据未能提供全部信息，所以不同的裂缝分布也能够达到一定的拟合效果；从预测误差角度，代理模型不能够完全准确预测所有裂缝分布情形下的生产数据，导致拟合优化求解受到影响，优化搜索方向会因目标函数的预测误差发生一定的偏差。

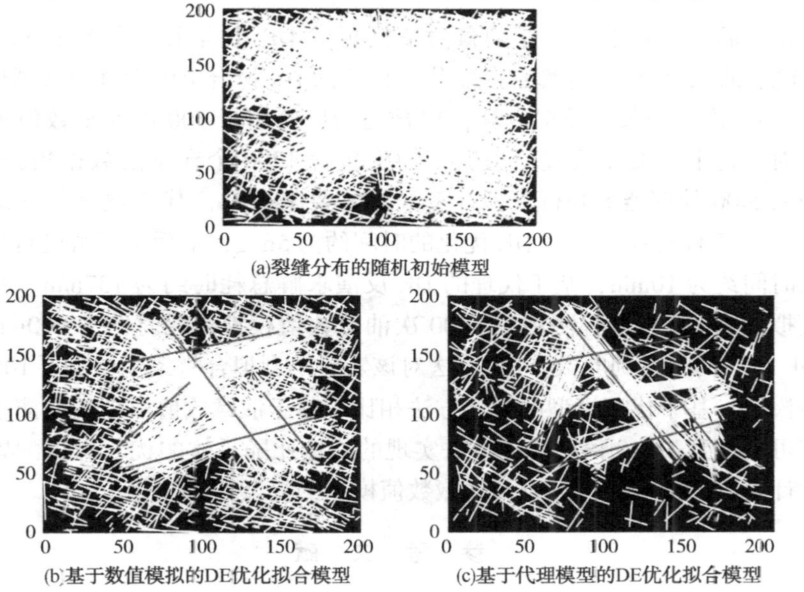

图 8-35　裂缝分布反演结果

4. 讨论与分析

通过以上实验结果验证了 GAT-LSTM 代理模型在裂缝性油藏自动历史拟合反演预测裂缝分布的有效性。代理模型能够显著地提升裂缝分布反演的计算效率，在该数值实验中，二维裂缝性油藏数值模型每次模拟计算大约需要 1~2min，在有些情况下由于收敛困难甚至需要几十分钟，而训练好的代理模型进行生产数据预测仅需要几毫秒。基于代理模型的反演建模方法在提升计算效率方面的优势体现在两个方面：其一，仅需要 1000~1500 次油藏数值模拟即可训练构建代理模型并获得可接受的预测性能；其二，代理模型有利于油藏数值模拟与优化求解算法的分离，EDFM 油藏数值模拟仅用于数据集构建和最终结果评估，因此很容易实施大规模并行计算，并且在采样计算过程中遇见收敛困难的裂缝样本可以灵活地中断并重新生成新的样本。

对基于油藏数值模拟与基于代理模型的 DE 反演求解需要的计算时间进行了简单对比，如表 8-5 所示。

表 8-5 使用代理模型与油藏数值模拟进行反演求解的计算代价对比

反演方法	构建数据集	模型训练	DE 优化	评估后验解	油藏数值模拟总次数
基于代理模型	1200	1000	0	100	1300
基于数值模拟	0	0	5000	0	5000

在该实验中，基于 EDFM 油藏数值模拟的 DE 拟合求解设置了 50 次迭代，即 5000 次油藏数值模拟计算；基于代理模型的 DE 拟合求解训练与测试代理模型使用了 1200 次油藏数值模拟计算，拟合更新后使用了 100 次油藏数值模拟进行验证。对于这个二维油藏数值模型，构建包含 1200 个样本的数据集，在 16 核 Intel i9-12900 处理器上并行模拟计算大约需要 120min。代理模型的训练时间约为 2min，基于代理模型进行 DE 优化的时间约为 5min，最后更新解进行数值模拟评估的时间约为 10min，基于代理的 DE 反演求解总耗时约为 137min。基于油藏数值模拟的 DE 拟合求解使用了 5000 次油藏数值模拟，耗时约为 400min，并且此时 DE 算法尚未达到收敛。DE 算法对该实验模型拟合收敛至少需要 10000 次油藏数值模拟，基于代理模型的反演方法相比于基于油藏数值模拟的反演求解的总体加速可以达到 5~10 倍。代理方法实现的加速比随具体的优化算法配置及收敛性能、计算设备的具体情况以及油藏数值模型的复杂性而变化。

参 考 文 献

[1] 侯启军，何海清，李建忠，等．中国石油天然气股份有限公司近期油气勘探进展及前景展望[J]．中国石油勘探，2018，23(01)：1-13.

[2] 郭建春，马莅，卢聪．中国致密油藏压裂驱油技术进展及发展方向[J]．石油学报．2022，43(12)：1788-1797.

[3] 刘合，陶嘉平，孟思炜，等．页岩油藏 CO_2 提高采收率技术现状及展望[J]．中国石油勘探，2022，27(1)：127-134.

[4] 赵文智，胡素云，侯连华，等．中国陆相页岩油类型，资源潜力及与致密油的边界[J]．石油勘探与开发，2019：202029-202029.

[5] 袁士义，宋新民，冉启全．裂缝性油藏开发技术[M]．石油工业出版社，2004.

[6] 薛亮，等．裂缝性油气藏数值模拟与自动历史拟合研究进展[J]．石油科学通报，2019，04：335-346.

[7] S. Nejadi，J. Y. Leung，J. J. Trivedi，et al. Integrated characterization of hydraulically fractured

shale-gas reservoirs—production history matching[J]. SPE Reservoir Evaluation & Engineering, 2015, 18: 481-494.

[8] K. Zhang, X. P. Ma, Y. L. Li, et al. Parameter prediction of hydraulic fracture for tight reservoir based on micro-seismic and history matching[J]. Fractals, 2018, 26(02): 1840009.

[9] L. Ren, Y. L. Su, S. Y. Zhan, et al. Fully coupled fluid-solid numerical simulation of stimulated reservoir volume (SRV)-fractured horizontal well with multi-porosity media in tight oil reservoirs [J]. Journal of Petroleum Science and Engineering, 2019, 174: 757-775.

[10] Y. Xu, J. S. Cavalcante, W. Yu, et al. Discrete-fracture modeling of complex hydraulic-fracture geometries in reservoir simulators[J]. SPE Reservoir Evaluation & Engineering, 2017, 20(02): 403-422.

[11] A. Moinfar, A. Varavei, K. Sepehrnoori, et al. Development of an efficient embedded discrete fracture model for 3D compositional reservoir simulation in fractured reservoirs [J]. SPE Journal, 2014, 19 (2): 289-303.

[12] S. Dachanuwattana, J. Jin, P. Molero, et al. Application of proxy-based MCMC and EDFM to history match a vaca muerta shale oil well[J]. Fuel, 2018, 220: 490-502.

[13] S. Tripo, W. Yu, H. Huang, et al. A Practical and efficient iterative history matching workflow for shale gas well coupling multiple objective functions, multiple proxy-based MCMC and EDFM [J]. Journal of Petroleum Science and Engineering, 2019, 176: 594-611.

[14] S. Tripoppoom, W. Yu, H. Huang, et al. A practical and efficient iterative history matching workflow for shale gas well coupling multiple objective functions, multiple proxy-based MCMC and EDFM[J]. Journal of Petroleum Science and Engineering, 2019, 176: 594-611.

[15] H. Zhang, J. J. Sheng. Surrogate - assisted multi - objective optimization of a hydraulically fractured well in a naturally fractured shale reservoir with geological uncertainty [J] . SPE J. 2022, 27: 307-328.

[16] K. Zhang, J. D. Zhang, X. P. Ma, et al. History matching of naturally fractured reservoirs using a deep sparse autoencoder[J]. SPE Journal, 2022, 26(04): 1700-1721.

[17] G. Chen, X. Luo, J. J. Jiao, et al. C. Fracture network characterization with deep generative model based stochastic inversion[J]. Energy, 2023, 273: 127302.

[18] B. Yan, Z. Xu, M. Gudala, et al. Reservoir Modeling and Optimization Based on Deep Learning with Application to Enhanced Geothermal Systems [C]. In Proceedings of the SPE Reservoir Characterization and Simulation Conference and Exhibition, Abu Dhabi, United Arab Emirates, 24-26 January 2023.

[19] Y. D. Kim, L. J. Durlofsky. Neural network surrogate for flow prediction and robust optimization in fractured reservoir systems[J]. Fuel, 2023, 351: 128756.

[20] I. P. Zheltov, G. I. Barenblatt, I. N. Kochina. Basic concept in the theory of homogeneous liquids in fissured rocks[J]. J Appl Math Mech, 1960, 24: 1286-1303.

[21] K. Pruess. A practical method for modeling fluid and heat flow in fractured porous media[J]. Old

SPE Journal, 1985, 25(1): 14-26.

[22] D. Snow. Anisotropic permeability of fractured media[J]. Water Resour Res, 1969, 5(6): 1273-1289.

[23] P. A. Witherspoon. Flow of groundwater in fractured rocks[J]. Bulletin of Engineering Geology and the Environment, 1986, 34(1): 103-115.

[24] J. Long. Investigation of Equivalent Porous Medium Permeability in Networks of Discontinuous Fractures[D]. Berkeley: University of California; 1983.

[25] J. Noorishad. An upstream finite element method for solution of transient transport equation in fractured porous media[J]. Water Resour Res, 1982, 18: 588-596.

[26] R. G. Baca, R. C. Arnett, D. Langford. modeling fluid flow in fractured-porous rock masses by finite-element techniques[J]. Int J Num Meth Fluids. 1984, 4(3): 337-348.

[27] L. Li, S. H. Lee. Efficient field-scale simulation of black oil in a naturally fractured reservoir through discrete fracture networks and homogenized media[J]. SPE Reservoir Eval. Eng, 2008, 11(4): 750-758.

[28] S. H. Lee, M. F. Lough, C. L. Jensen. Hierarchical modeling of flow in naturally fractured formations with multiple length scales[J]. Water Resour. Res, 2001, 37(3): 443-455.

[29] A. Moinfar, A. Varavei, K. Sepehrnoori, et al., Development of an efficient embedded discrete fracture model for 3D compositional reservoir simulation in fractured reservoirs[J]. SPE Journal, 2014, 19(2): 289-303.

[30] H. Hajibeygi, D. Karvounis, P. Jenny. A hierarchical fracture model for the iterative multiscale finite volume method[J]. J. Comput. Phys. 2011, 230(24): 8729-8743.

[31] T. Miao, B. Yu, Y. Duan, et al. A fractal analysis of permeability for fractured rocks[J]. Int J Heat Mass Transfer, 2015, 81: 75-80.

[32] M. Somogyvári, M. Jalali, S. J. Parras, et al. Synthetic fracture network characterization with transdimensional inversion[J]. Water Res Res, 2017, 53 (6): 5104-5123.

[33] R. Prioul, J. Jocker. Fracture characterization at multiple scales using borehole images, sonic logs, and walkaround vertical seismic profile[J]. AAPG Bull, 2009, 93(11): 1503-1516.

[34] F. Xia, K. Sun, S. Yu, et al. Graph learning: a survey[J]. IEEE Trans. Artif. Intell. 2021, 2: 109-127.

[35] J. Zhou, G. Cui, S. Hu, et al. Graph neural networks: a review of methods and applications [J]. AI Open, 2020, 01: 57-81.

[36] J. Bruna, W. Zaremba, A. Szlam, et al. Spectral networks and locally connected networks on graphs[J]. arXiv preprint, 2014, arxiv: 1312.6203.

[37] M. Defferrard, X. Bresson, P. Vandergheynst. Convolutional neural networks on graphs with fast localized spectral filtering[C]. In Proceedings of NIPS, 2016, 3844-3852.

[38] W. L. Hamilton, Z. Ying, J. Leskovec. Inductive representation learning on large graphs[C]. In Proceedings of NIPS, 2017, 1024-1034.

[39] P. Velickovic, G. Cucurull, A. Casanova, et al. Graph Attention Networks[C]. In Proceedings of the 6th International Conference on Learning Representations, Toulon, France, 24 - 26 April 2017.

[40] J. Xu, Z. Li, B. Du, et al. Reluplex mademore practical: Leaky ReLU[C]. In Proceedings of the 2020 IEEE Symposium on Computers and Communications, Rennes, France, 7 - 10 July 2020.